Elektronik Reparaturen
für Maker

Ratgeber mit Praxistipps

Jörg Rippel

Hinweis

Alle Angaben in diesem Buch wurden vom Autor mit größter Sorgfalt erarbeitet, bzw. zusammengestellt. Trotzdem sind Fehler nicht auszuschließen. Der Autor sieht sich deshalb gezwungen, darauf hinzuweisen, dass er weder eine Garantie noch die juristische Verantwortung oder irgendeine Haftung für Folgen, die auf fehlerhafte Angaben zurückgehen, übernimmt. Für die Mitteilung etwaiger Fehler ist der Autor jederzeit dankbar. Internetadressen und Versionsnummern stellen den bei der Erstellung des Buches den aktuellen Informationsstand dar. Bitte berücksichtigen Sie, dass keine Verantwortung oder Haftung für die verwendeten Quellen übernommen werden kann. Hinweise auf nicht verfügbare Quellen werden dankbar angenommen und in den folgenden Auflagen korrigiert.

Die meisten Produktbezeichnungen sowie Firmennamen und Firmenlogos, die in diesem Werk genannt werden, sind in der Regel gleichzeitig auch eingetragene Warenzeichen und sollten als solche betrachtet werden. Der Gebrauch der Produktbezeichnungen folgte im Wesentlichen den Schreibweisen der Hersteller.

1. Auflage 2016

© 2016 Jörg Rippel

Jörg Rippel
Postfach 1310
64726 Bad König

http://www.rippel.info/

(V20201203a)

Inhaltsverzeichnis

Vorwort

In diesem Buch möchte ich die Möglichkeiten zur Reparatur von elektronischen Geräten zeigen.

Die Maker-Community lebt unter anderem vom regen Austausch in Foren und der Nutzung von OpenSource Hardware und Software. Ideen werden geteilt und Wissen verbreitet sich um den Globus.

Maker kommen aus allen Wissensbereichen und erreichen auch mit unkonventionellen Methoden die Verwirklichung von Ideen, die sonst unmöglich erscheinen.

Manche Maker haben die Möglichkeit in den eigenen vier Wänden Ersatzteile mit ihrem 3D-Drucker, oder einer CNC-Fräse, herzustellen. So manche Reparatur lohnt sich dadurch, oder ein Upcycling[1] ist damit möglich.

Viele Messgeräte und Werkzeuge sind in den letzten Jahren auch für Privatpersonen erschwinglich geworden. Dadurch können kompliziertere Reparaturen in der heimischen Werkstatt durchgeführt werden. Als Folge dessen bremst man die geplante Obsoleszenz aus und trägt dazu bei, die Ressourcen unseres Planeten zu schonen.

Auf den Punkt bringt es das Manifest der eigenständigen Reparatur[2] mit dem Slogan „Reparieren schützt die Umwelt"

Viel Erfolg bei der Reparatur und ein gutes Gefühl dabei, die geplante Obsoleszenz ausgebremst zu haben.

---

[1] Upcycling: https://de.wikipedia.org/wiki/Upcycling
[2] Manifest: https://de.ifixit.com/Manifesto

Einleitung

Als Maker sind Sie möglicherweise ein Quereinsteiger, kein gelernter Elektroniker oder studierter Elektrotechniker. Ich habe das Buch für Quereinsteiger geschrieben, hoffe aber, dass die Auseinandersetzung mit der Reparatur dazu motiviert, das Wissen weiter zu vertiefen. Vor allem Anfänger finden in diesem Buch Tipps und Hinweise zur Ausstattung ihres Arbeitsplatzes und zum Elektronik-Basteln.

Für fortgeschrittene Elektronik-Bastler, oder womöglich gelernte oder studierte Elektrotechniker, ist dieses Buch nicht geeignet. Hier geht es um Grundlagen!

Dies ist kein Buch über die Fehlersuche in Schaltungen. Das Thema wird angesprochen, es gibt ein paar Tipps, aber es geht eigentlich um die Methodik bei der Reparatur von elektronischen Geräten. Um die Vorgehensweise, die Strategie, die Möglichkeiten und den Spaß dabei.

Für weitergehende technische Erklärungen verwende ich Fußnoten, die Sie nutzen können, um ggf. benötigte tiefer gehende Erklärungen zu finden. Oft werden Sie wissen, wie etwas gemessen wird, auf das im Text hingewiesen wird. Sollten Ihnen ein paar Grundlagen fehlen - *Wer weiß schon alles?* - können Sie z.B. einen Blick in das Elektronik-Kompendium[1] werfen. In den dort einseh-

---

[1] Elektronik Kompendium: http://www.elektronik-kompendium.de/

baren Elektronik-Grundlagen findet man alles, was man grundsätzlich an Fachwissen für die Grundlagen in der Elektronik benötigt. So kommt dieses Buch ohne Formeln aus und dient Ihnen als Ratgeber.

Weitergehende Bücher, wie z.B. „The Art of Electronics"[1], die „Halbleiter Schaltungstechnik"[2] oder „Practical Electronics for Inventors"[3] gehören zu den Standardwerken, die jeder versierte Elektronik-Bastler im Regal stehen haben sollte. Im Literaturverzeichnis finden Sie alle in diesem Buch erwähnten Bücher aufgelistet, die zur Vertiefung des Wissens dienen können.

Lassen Sie es langsam angehen. Wenn Sie auf Lücken in Ihrem Wissen stoßen, ist das für Praktiker zusammengestellte Elektronik-Kompendium, zusammen mit „Practical Electronics for Inventors", oft die richtige Kombination diese Lücke zu schließen.

Auch ein gutes Buch mit dem Titel „Tabellen und Schaltungen der Elektrotechnik", oder „Taschenbuch der Elektrotechnik", sollte man immer in Reichweite haben. Damit kann man schnell die Anschlussbelegung von Bauteilen oder die Grundschaltungen von Transistoren nachschlagen.

---

[1]   AoE: http://artofelectronics.net/
[2]   Halbleiter Schaltungstechnik: http://www.tietze-schenk.de/
[3]   Practical Electronics for Inventors: http://www.eevblog.com/forum/
      beginners/practical-electronics-for-inventors-3rd/

Suchen Sie sich dies in einer gut sortierten Fachbuch-handlung persönlich aus. Solch ein Buch muss einem vom Aufbau gefallen und man muss es gerne in die Hand nehmen.

1. Alles ist reparierbar?

Dieses Buch ist für den Hobbyisten und Maker geschrieben. Hier geht es um Liebhaberei und den Spaß an der Reparatur.

Dies bedeutet, die Frage „Lohnt sich das noch?" wird bei der Reparatur nicht gestellt. Die Kosten werden nicht berechnet und die Zeit wird nicht bemessen, so das keine wirtschaftlichen Grundsätze wie in einer gewerblich betriebenen Reparaturwerkstatt zugrunde gelegt werden. Und das bedeutet auch: Es muss nicht immer gelingen.

Nicht jedes Gerät lässt sich reparieren und nicht jeder Fehler finden. Manche Ersatzteile sind nicht mehr erhältlich und kein „Hack" lässt sich finden, um das Problem zu umschiffen.

Fehler lassen sich nicht immer eingrenzen oder klar zuordnen. Profis in der Reparatur geht es da nicht besser. Nur wenn man auf ein einziges Gerät spezialisiert ist, lässt sich ein Erfolg garantieren. In allen anderen Fällen muss man sich auch mal geschlagen geben.

Mit der Zeit entwickeln Sie Erfahrung und das damit verbundene Bauchgefühl. Damit ist nicht nur das Wissen gemeint, welches Werkzeug und Bauteil man am besten verwendet, oder wie schnell Sie einen Fehler in einer Schaltung lokalisieren können. Das äußert sich dann darin, dass Sie beim Reparieren nicht übertreiben. Sie können einschätzen, wann es sinnvoll ist, eine Fehler-suche abzubrechen oder einen Defekt nicht zu beheben. Das hängt dann von den eigenen Möglichkeiten ab, von dem ökologischen und ökonomischen Nutzen und davon wie viel Spaß Ihnen die Reparatur macht. Wenn Ihnen also Ihr Bauch sagt, dass Sie eine Reparatur nicht durch-führen sollten, dann hören Sie darauf. Manchmal möchte man zwar zeigen, dass eine Reparatur möglich ist, aber nicht immer steht der Aufwand in einem Verhältnis dazu. Sie müssen niemanden etwas beweisen. Ohne diese überzogenen Ansprüche erhalten Sie sich, auf lange Sicht, den Spaß an der Reparatur.

2. Gründe für den Defekt

Elektronik ist im Grunde verschleißfrei. Solange keine mechanischen Komponenten in einem Gerät vorhanden sind, kann in einer ausreichend dimensionierten Schaltung nichts kaputt gehen.

Eine Ursache für eine nicht ausreichend dimensionierte Schaltung sind die Auswirkungen thermischer Belastung. Dadurch können sich in der Schaltung die Arbeitspunkte der Transistoren verschieben. Dies kann einen erhöhten Stromdurchfluss verursachen, oder eine höhere Spannung erzeugen. Wodurch nachfolgende Bauteile möglicherweise stärker strapaziert werden. In der Folge steigt die Belastung und Wärmeentwicklung für einzelne Komponenten. Dies kann zu einem Verschleiß und Defekt führen.

Die normale thermische Belastung im Regelbetrieb wird durch die Umgebungstemperatur bestimmt. Jedes Gerät wird vom Hersteller für den Betrieb innerhalb eines definierten Temperaturbereichs vorgesehen, diese Angabe findet man im Handbuch bei den technischen Angaben zum Gerät. Das Gerät an dem ich dieses Buch schreibe ist zum Betrieb bei einer Umgebungstemperatur zwischen 0°C und 35°C ausgelegt. Das erscheint überraschend, weil unsere Umwelt für uns Menschen in Normalfall eine größere Temperaturspanne bereithält. Die Temperatur beim Schneeräumen im Winter und das in der Sommersonne geparkte Auto liegen schon außerhalb des spezifizierten Temperaturbereichs, für das mein Gerät ausgelegt ist.

Viele moderne Geräte besitzen einen eingebauten Akku. Dieser begrenzt oft den Temperaturbereich, in dem das Gerät eingesetzt werden darf, obwohl andere Komponenten mehr vertragen könnten.

Andere Komponenten, wie z.B. der Prozessor oder das Netzteil, sind nur mit einem Lüfter oder einem Kühlkörper in der Lage ihre Wärme abzuführen. Die Wärme kann immer nur von warm zu kalt abgegeben werden. An eine Umgebungsluft, die wärmer ist als die zu kühlende Komponente, kann keine Wärme abgegeben werden und das Gerät überhitzt.

Die Komponenten mit der geringsten Temperaturspanne definieren so den Einsatzbereich für das gesamte Gerät. Staut sich die Hitze in einem Gerät, so führt dies zu einem Wärmestau. Stark beanspruchten Bauteile können dabei überhitzen. Überschreitet ein Bauteil seine Temperatur, für die es maximal zugelassen ist, so zerstört es sich selber. Bei einem Transistor verteilt sich in diesem Fall die Stromdichte ungleichmäßig auf dem Halbleitermaterial. Dieser Effekt verstärkt sich durch die weiter steigende Temperatur des Bauteils selber. Wird dann die maximale Sperrschichttemperatur irgendwann überschritten, hat sich der Transistor zerstört.

Auch der Betrieb eines Bauteils nahe der thermischen Belastbarkeitsgrenze, ohne diese zu überschreiten, wirkt sich auf Dauer negativ aus. Transistoren können beispielsweise ihre Verstärkung verlieren oder anfangen, sich außerhalb der Kennlinie zu bewegen.

Die Gründe für einen Defekt sind zahlreich, aber fast immer darauf zurückzuführen, dass sich ein Teil der Schaltung im Grenzbereich befunden hatte. Wurde die Dimensionierung einer Schaltung aber mit ausreichend Spielraum vorgenommen, so dass sie im Betrieb nie zu stark belastet wird, so ist diese nahezu ewig haltbar.

Kann ein Gerät ewig funktionieren?

Nein, jede Komponente in einer Schaltung, wie auch alle anderen Teile eines Geräts, unterliegen einer Alterung. Kondensatoren können austrocknen. Glühbirnchen geht der Glühfaden kaputt. LEDs werden matt oder dunkel. Zahnräder nutzen sich ab. Das Gummi eines Antriebsriemens wird spröde. Die Meeresluft oder tropisches und feuchtwarmes Klima lassen Kontakte korrodieren. Temperaturschwankungen bewirken mechanischen Stress.

Nicht gegen jede Auswirkung der genannten Alterungsgründe kann eine Gegenmaßnahme gefunden oder angewendet werden. Obwohl also Elektronik verschleißfrei ist, kann die Alterung der Werkstoffe, mit der sie gefertigt ist, einen Defekt herbeiführen.

Das ist kein Grund zur Sorge. Die Zeitspanne für solch einen Fall beträgt unter normalen Bedingungen mehrere Jahrzehnte.

Wer kennt nicht den alten Röhren-Farbfernseher oder das Radio der Großeltern, die mehr als 30 Jahre problemlos funktioniert haben?

3. Fehlertypen

Die bei elektronischen Geräten auftretenden Fehler sind in den meisten Fällen immer die gleichen. Gestaffelt nach Häufigkeit sind dies:

Stromversorgung
Defekte in Ladegeräten, Spannungsreglern und Transistoren. Suchen Sie nach durchgebrannten Sicherungen, Varistoren, Dioden und Gleichrichtern.
Bei batteriebetriebenen Geräten könnten mehrfach tiefentladene Akkus keine ausreichende Kapazität mehr aufweisen.

Kondensatoren
Ausgetrocknete, aufgeblähte oder aufgeplatzte Kondensatoren oder durch Erschütterung herausgerissene Anschlussbeinchen.

Kalte Lötstellen
Kalte Lötstellen an mechanisch beanspruchten Teilen, wie USB-Buchsen, Niedervoltsteckern und -buchsen, Schaltern und an der Verdrahtung.

Allgemein
Defekte Leiterbahnen, möglicherweise aufgrund einer gebrochenen Platine.
Unterbrochene Litzen, mit oder ohne Wackelkontakt, in der Verdrahtung.

Ist dies alles überprüft, hat man schon mit 90% Wahrscheinlichkeit den Fehler gefunden. Die restlichen 10% sind Fehler, die innerhalb der Schaltung aufgetreten sind. Diese findet man oft nicht einfach, aber mit etwas Übung und Geduld verbessert man sich in diesem Bereich der Fehlersuche schnell.

Aus Erfahrung weiß man oft intuitiv, wo der Fehler liegt. Doch diese Erfahrung muss man sich erst mit der Zeit aneignen. Mit einer guten Methodik und einem strukturierten Vorgehen, entwickelt man schon nach wenigen reparierten Geräten einen „richtigen Riecher".

Es gibt keinen Königsweg, um einen Fehler zu finden. Mit einer methodischen und logischen Vorgehensweise benötigt man die meiste Zeit, dies führt aber fast immer ans Ziel. Mit dem intuitiven Vorgehen, bei dem einem das Bauchgefühl hilft, ist man oft schneller. Dabei übersieht man aber auch gerne mal einen Fehler. Sie werden nach einiger Zeit merken, welcher Weg sich je nach Defekt am besten eignet.

Verbeißen Sie sich nicht in ein defektes Gerät. Kommt man nicht weiter, hilft es, eine Nacht drüber zu schlafen. Dies kann aber auch bedeuten, dass Sie einen Reparatur-Kandidaten mal ein paar Wochen in den Schrank legen. Wenn Sie nicht drauf angewiesen sind eine Reparatur fertig zu bekommen, ist dies zu empfehlen. So erhalten Sie sich den Spaß am Hobby und reduzieren den Stress.

4. Methodik der Fehlersuche

Die Fehlersuche in einem defekten Gerät benötigt in der Regel mehrere Durchläufe. Zuerst wird das Offensichtliche überprüft, später geht es mehr ins Detail.

Unterteilt man die Fehlersuche in Abschnitte, ist die Vorgehensweise strukturierter, wird ein Fehler nicht so einfach übersehen. Glücklicherweise ist fast jedes Gerät in mehrere funktionale Blöcke aufgeteilt, die einzeln untersucht werden können.

Die, mit überragender Häufigkeit, am meisten auftretenden Fehler betreffen die Spannungsversorgung. Da diese auch die Grundlage für den Betrieb eines elektronischen Geräts ist, sollte sichergestellt werden, dass diese fehlerfrei funktioniert. Danach kann man, nachdem man sich einen Überblick verschafft hat, zu dem nächsten Block weitergehen.

Wie man Fehler findet und repariert, ist ein bisschen wie Leuten das Malen beizubringen. Man kann viel über Pinsel, Farben und Maltechniken erklären. Aber bei jedem wird der Baum, der zu malen ist, anders aussehen. Manche Bäume werden sogar etwas besser aussehen als andere Bäume. Bei der Reparatur ist es genauso. Sehr viele Fähigkeiten kommen zusammen: Wie gut kann man löten? Wie ruhig ist die Hand? Wie gut wird die Theorie verstanden? Wie viel weiß man über

Elektronik? Wie strukturiert geht man vor? Was sagt das Bauchgefühl?

Aber bei allem Training und Wissen, beim Malen wie in der Reparatur, kann eine Sache nicht trainiert werden, nämlich das Talent. Finden Sie, auch nachdem Sie viel Energie reingesteckt haben, keinen Spaß daran Geräte zu reparieren, dann erzwingen Sie es nicht. Sie werden in anderen Dingen Talent haben und Spaß finden. Man muss nicht alles können.

In den nächsten Kapiteln werde ich die Grundzüge der Vorgehensweise aufführen. Um in die Reparatur von Geräten einzusteigen und somit einen Zeh ins Wasser zu bekommen, dürfte das alles umfassen, was nötig ist.

Mit der Zeit werden Sie eine eigene Vorgehensweise entwickeln, Sie werden sich mehr oder weniger auf Intuition verlassen und Sie werden einen mehr oder weniger systematischen Ansatz wählen. Das ist gut! Das bedeutet Sie entwickeln ein eigenes Gefühl und bilden Ihre Fähigkeiten aus.

Ich möchte Ihnen in diesem Buch einen generischen Ansatz bieten, mit dem Sie ihre eigene Entwicklung beginnen können. Ein unfehlbarer Leitfaden ist dieses Buch aber nicht!

Am Ende des Buches zeige ich ein paar real durchgeführte Reparaturen. Mit Hilfe der Grundlagen in diesem

Kapitel werden Sie nachvollziehen können, warum die Reparatur so durchgeführt wurde. Und Sie werden sehen, dass sich eine Reparatur selten durch das Befolgen einer Checkliste durchführen lässt.

4.1 Einen Überblick verschaffen

Steht das defekte Gerät vor einem, nutzt man erst all seine Sinne, um eine erste Einschätzung zu erlangen.

Wie sieht das Gerät aus?
   Gibt es sichtbare Beschädigungen?
   Erfolgt eine Anzeige wie erwartet?
   Leuchten alle Lampen oder LEDs noch?
   Leuchtet irgendwas sporadisch auf?
   Leuchtet ein Fehlerindikator auf?

Wie riecht das Gerät?
   Steigt Rauch auf?
   Riecht es nach einem durchgebrannten Bauteil?
   Ist irgendein merkwürdiger Geruch vorhanden?

Wie fühlt sich das Gerät an?
   Klappert irgendwas?
   Ist irgendwas lose oder nicht festgeschraubt?
   Stimmt das Gewicht in etwa?
   Ist das Gerät ungewöhnlich warm?
   Ist das Gerät klebrig?

Wie hört sich das Gerät an?
   Ist beim Einschalten irgendwas zu hören?
   Gibt das Netzteil Geräusche von sich?
   Hört sich etwas anders an als im Normalzustand?

Ist von Außen nichts Ungewöhnliches festzustellen und führt einem das Bauchgefühl noch nirgendwo hin, muss mit der Fehlersuche im Gerät begonnen werden.

4.2 Sichtprüfung im Gerät

Ist die äußere Sichtprüfung abgeschlossen, führt man diese im Inneren des Geräts weiter. Man öffnet das Gehäuse und schaut sich das Innenleben an.

Wie sieht die Platine aus?
   Ist sie sauber oder verstaubt?
   Ist sie durchgebogen oder gebrochen?
   Gibt es auffällige Verfärbungen?
   Sind die Lötpunkte oxidiert?
   Haben Flüssigkeiten die Platine verunreinigt?

Wie sehen die Bauteile aus?
   Gibt es durchgebrannte Sicherungen?
   Gibt es geschwärzte oder verschmorte Bauteile?
   Fehlen Bauteile?
   Sind durch Selbstentlötung Bauteile heraus gefallen?
   Haben sich Teile gelockert?
   Sind abgebrochene Teile heraus gefallen?

Verdrahtung
   Gibt es lose Drähte?
   Könnte ein Kabelbruch schuld sein?
   Wurden Anschlüsse vertauscht?
   Haben sich Stecker gelöst?
   Gibt es Kontaktschwierigkeiten bei Steckern?

Halten Sie Ausschau nach bräunlicher Färbung oder Blasenbildung, dies deutet auf Überhitzung hin.

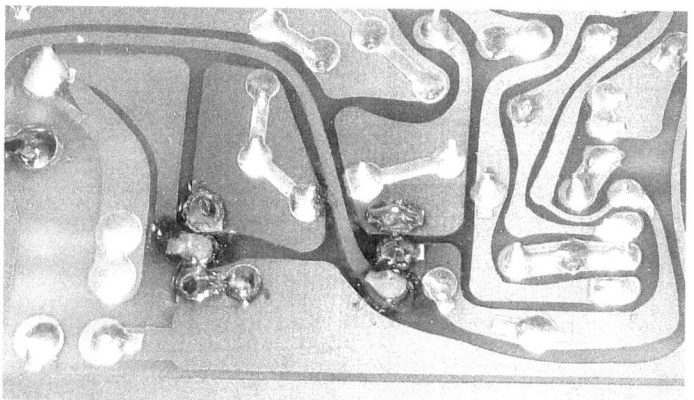

Abb. 1 Defekte Lötpunkte durch Oxidation und Hitzeeinwirkung

Es kann vorkommen, dass Bauteile, durch einen Fehler in der Fertigung, nicht verlötet wurden. Dies äußert sich oft durch thermische Fehler oder Aussetzer.

Abb. 2 Unverlötete Bauteile

Die oxidierten Kontakte eines Speicherriegels. Nach Jahren des Gebrauchs in einem Laptop, den verschiedensten Umwelteinflüssen ausgesetzt, bildete sich ein Belag auf den Kontakten. Nach einer Reinigung mit Isopropanol funktionierte der Speicher wieder ohne Probleme.

Abb. 3 Verschmutzte Kontakte

Fehler verstecken sich gerne und sind sehr ausdauernd darin. Es lohnt sich, auch an Stellen, die man normalerweise ausschließen würde, genau hinzuschauen.

Ist nichts Ungewöhnliches zu finden, muss mit einer systematischen Fehlersuche begonnen werden.

4.3 Vorsichtsmaßnahmen

Bei der Überprüfung der Spannungsversorgung sollte immer mit äußerster Vorsicht vorgegangen werden. Bei einem Gerät mit Netzanschluss kann es zu tödlichen Auswirkungen kommen, sollte man die 230 V~ berühren.

Ein Trenntrafo ist bei solchen Reparaturen ein Muss!

Auf der sekundären Seite, hinter der Spannungsversorgung und auf der Platine, können auch hohe Spannungen vorkommen. Geräte mit einer Bildröhre haben immer eine Hochspannungseinheit. Diese kann tödlich sein.

Wenn das Gerät ausgeschaltet ist, können die Kondensatoren immer noch die Spannung halten. Eine Berührung hat dann immer noch die gleichen Auswirkungen.

Es gibt fünf Sicherheitsregeln, die Sie beherzigen sollten:

1.) <u>Freischalten</u> → Ziehen Sie den Stecker, bzw. die Stromversorgung ab.

2.) <u>Gegen Wiedereinschalten sichern</u> → Sorgen Sie dafür, dass sich die Stromversorgung nicht wieder unbeabsichtigt einschalten lässt.

3.) <u>Spannungsfreiheit feststellen</u> → Überprüfen Sie noch mal, ob wirklich keine Spannung mehr anliegt. Kondensatoren müssen entladen werden.

4.) <u>Erden und Kurzschließen</u> -> Würde doch vor Ende der Arbeiten die Spannung wieder eingeschaltet werden, so soll die Sicherung auslösen.

5.) <u>Benachbarte, unter Spannung stehende Teile abdecken oder abschranken</u> → Ist neben dem Gerät, an dem man arbeitet, noch etwas unter Spannung? Könnten Sie versehentlich damit in Berührung kommen? Verhindern Sie dies!

<u>Bitte befolgen Sie diese Regeln immer!</u>

ESD Vorsichtsmaßnahmen

Eine ESD-Matte, als Unterlage auf ihrem Arbeitsplatz, schützt den Prüfling vor statischen Entladungen. Diese Matten sind in verschiedenen Größen erhältlich und können sogar als Meterware bezogen werden.

Die ESD-Matte sollte mindestens einen Druckknopf haben, an dem das Erdungskabel angeschlossen wird. Das Erdungskabel wird in die Erdungsbox gesteckt, die wiederum mit dem Schutzleiter verbunden ist. Die Verbindung von der Erdungsbox zum Schutzleiter sollte einen 1 MOhm Widerstand aufweisen.

Nun fehlt noch das Erdungsarmband. Dieses sollte man tragen, wenn man mit empfindlichen Halbleitern hantiert. Das Erdungsarmband wird in die Erdungsbox gesteckt, in der auch die ESD-Matte angeschlossen ist, oder an den zweiten freien Druckknopf an der ESD-Matte. Dies stellt die Mindestausstattung dar.

Bei einer Lötstation, die „ESD safe" ist, muss ein Anschluss für den Potentialausgleich vorhanden sein, den man auch an die Erdungsbox anschließt. Der ESD-Schutz ist bei älteren Halbleitern wichtig. Diese sind empfindlicher als heutige Bauteile. Bei der Reparatur von alten Geräten mit Digitaltechnik empfiehlt es sich deshalb, etwas mehr Vorsicht walten zu lassen und die oben genannte Mindestausstattung zu nutzen.

In Produktionsumgebungen ist ein, den Vorschriften entsprechender, ESD-Schutz deutlich umfassender. Dieser bezieht z.B. auch die Kleidung und den Bodenbelag ein. Bei einem Arbeitsplatz für Hobby-Reparaturen kann man aber einen pragmatischeren Ansatz wählen.

5. Durchführung der Fehlersuche

Mit den schon genannten Regeln der Sichtprüfung hat man schon 90% aller Ursachen gefunden, oder einen Verdacht, was die Ursache sein könnte. Nun beginnt man mit der systematischen Fehlersuche.

Bei einem Verdacht, wo sich der Defekt befinden könnte, beschränkt man die Suche auf den Teil der Gesamtschaltung, in der man den Fehler vermutet.

Oft bieten sich die einzelnen Abschnitte für die Einteilung der Suche schon durch den internen Aufbau des Geräts an:
* Netzteile sind oft auf einer separaten Platine, oder extern, untergebracht.
* Displays und Anzeigeelemente befinden sich zumeist auf einer Platine hinter der Frontplatte.
* Die Hauptplatine besteht zuweilen auch aus mehreren Teilen.

Erst in einem weiteren Schritt unterteilt man die Schaltung auf der Platine in weitere Gruppen, z.B. die Endstufe mit den Leitungstransistoren oder den Vorverstärker.

Orientieren Sie sich also zuerst an der durch den Aufbau gegebenen Unterteilung. Später dann an Schaltungsblöcken.

5.1 Die Spannungsversorgung

Zuerst beginnt man mit der Spannungsversorgung, auch wenn das Gerät sich einschalten lässt. Elektronische Geräte bestehen aus mehreren Baugruppen, die oft unabhängig voneinander mit Spannung versorgt werden. Ist nur eine Baugruppe ausgefallen, wie z.B. der Empfänger, so kann sich der Rest des Radios normal verhalten. Ohne ein Eingangssignal wird dann aber nur ein Rauschen zu hören sein. Dieses Eingangssignal kommt durch die Antenne in den Empfänger. Also überprüft man die Verbindung zwischen Antenne und Empfänger und dann vom Empfänger zum Rest des Radios. Dieser Signalpfad muss zuerst überprüft werden, um zu entscheiden, wo der Fehler genau liegt. Also auch wenn sich das Radio einschalten lässt und auf den ersten Blick alles in Ordnung aussieht, muss das Gerät trotzdem nicht funktionieren.

Man sieht an dem Beispiel, dass eine spezielle Betrachtungsweise bei der Suche nach dem Fehler nötig ist. Welche Baugruppen sind zu erkennen? Wie wirkt sich der Ausfall eines Schaltungsteils auf die Gesamtfunktionalität aus? Kann dadurch schon die Fehlerquelle eingegrenzt werden?

Hat man einen ersten Verdacht, in welchem Teil der Schaltung der Fehler sein könnte, sollte auch die Spannungsversorgung dieses Schaltungsteils überprüft werden. Denn entweder kommt das Signal nicht durch, weil ein Defekt vorliegt, oder weil der Teil der Schaltung nicht arbeitet, an dem keine Spannung anliegt. Die Bereitstellung der Spannungsversorgung erfolgt in einfachen Geräten durch ein einziges Netzteil oder durch Batterien.

Der Transformator

Vergessen Sie an dieser Stelle die Primärseite und den Transformator nicht. Dieser kann auch mehrere Versorgungsspannungen bereitstellen. Im Allgemeinen wird eine Versorgungsspannung, nachdem sie gleichgerichtet wurde, einem Spannungsregler zugeführt und von Kondensatoren geglättet. Überprüfen Sie ob das vorliegende Gerät für den Betrieb eine geglättete oder ungeglättete Gleichspannung, oder sogar eine Wechselspannung benötigt.

Manche Trafos besitzen in der Wicklung eine Sicherung. Unter den ersten Schichten der Wicklung findet sich dann ein kleines Rechteck. Überprüfen Sie erst die Spannung am Eingang des nachgelagerten Spannungsreglers. Ist dort alles wie erwartet, sollte der Trafo in Ordnung sein. Alternativ können Sie die primäre und sekundäre Wicklung jeweils mit einem Multimeter („Durchgangsprüfer-Modus") testen. Ist eine Wicklung unterbrochen und hochohmig, dann ist die damit festgestellte Unterbrechung möglicherweise auf eine durchgebrannte Sicherung in der Wicklung zurückzuführen. Diese Sicherung kann mit etwas Glück aus der Wicklung des Trafos entfernt werden. Die überbrückte Stelle muss in diesem Fall gut isoliert werden. In selteneren Fällen ist die Wicklung durchgebrannt. Dann muss der Trafo ersetzt werden.

Power-Rails

In komplexeren Geräten werden einzelne Schaltungsteile mit unterschiedlichen Versorgungsspannungen, so genannten Power-Rails, betrieben und abgesichert. Manchmal werden diese hintereinander gestaffelt, so das eine 12 V Versorgung, durch einen nachgeschalteten Spannungsregler, eine weitere 5 V Versorgung bereitstellt. Fällt dann der 12 V Spannungsregler aus, fällt auch die 5 V Versorgung aus.

In manchen Geräten werden die Versorgungsspannungen komplett im Netzteil generiert, in anderen Fällen innerhalb eines einzelnen Schaltungsteils auf der Platine.

Verfügt man über einen Schaltplan, sind darin möglicherweise Testpunkte verzeichnet. Wenn kein Schaltplan vorhanden ist, oder darin keine Testpunkte genannt werden, lassen sich bei bekannten Bauteilen behelfsmäßige Testpunkte an ihrer äußeren Beschaltung finden, z.B. an den Pins der Versorgungsspannung bei einem Operationsverstärker.

Leerlaufspannung

Misst man eine Spannungsversorgung im Leerlauf, so kann diese den korrekten Wert haben. Wird jedoch der Schaltungsteil belastet und fließt dadurch ein höherer

Strom, dann kann die Spannungsversorgung unter Umständen einbrechen. Sinkt in diesem Fall die Spannung zu weit ab, kann der damit versorgte Teil der Schaltung nicht mehr korrekt funktionieren. Damit wäre man wieder einem Fehler auf die Spur gekommen. Solch eine zu hohe Last wird in der Regel durch ein defektes Bauteil ausgelöst, das einen ungehinderten Stromfluss in einem Zweig der Schaltung erzeugt. Bauteile die solch einen Kurzschluss, oder aber einen erhöhten Innenwiderstand aufweisen, müssen ausgetauscht werden.

Zu heiße Bauteile

Diese können meist gefunden werden, indem man nach einem überhitzten oder durchgebrannten Bauteil in der Baugruppe sucht. Nicht immer ist dies äußerlich zu erkennen, in dem Fall benötigt man Hilfe durch ein IR-Thermometer oder einen ans Multimeter anschließbaren Temperatursensor. Damit tastet man die Bauteile nacheinander ab, in der Hoffnung an einem Bauteil eine starke Temperaturabweichung zu finden.

Die maximale Betriebstemperatur

Die maximal zulässige Betriebstemperatur ist im Datenblatt[1] des Bauteils zu finden. Kann man kein Datenblatt finden, oder ist keins vorhanden, kann oft durch ein Vergleich beurteilt werden, ob die Betriebstemperatur zu hoch ist. Wenn man Glück hat, wird der betroffene Schaltungsteil mehrfach verwendet, so kann

---

[1] Datenblätter: http://parts.io/

ein Quervergleich vorgenommen werden. Aber auch ein allgemeines Verständnis kann schon ausreichen: Verbrennt man sich an einem Bauteil die Finger, hat man einen Kandidaten gefunden, der überprüft werden sollte.

In manchen Fällen ist dieser an einer bräunlichen Färbung, oder an einer Verfärbung der Platine unterhalb des Bauteils, zu erkennen.

Der bequemste und teuerste Weg ist die Verwendung einer Wärmebildkamera. So können Bauteile, die zu heiß werden und eine Fehlfunktion haben, identifizieren werden.

Die Maximalwerte für Halbleiter sind unterschiedlich. Ein LM7805 kann einen Betriebstemperaturbereich[1] von -40°C bis +125°C haben, seine Maximaltemperatur kann 150°C erreichen. Ab dieser Temperatur wird die Sperrschicht des Halbleiters zerstört. Ungeachtet dessen ist es in der Regel ungewöhnlich, dass ein Bauteil so stark beansprucht wird. Ein Schaltungsdesign ist nach Möglichkeit so dimensioniert, dass Bauteile nicht an ihren Grenzbereich gebracht werden. Besonders bei Geräten der Unterhaltungselektronik, die in ein Plastikgehäuse verbaut sind, werden solche Temperaturen normalerweise vermieden.

Ist das Gerät nicht aus der Unterhaltungselektronik, sondern aus dem industriellen Bereich oder der Leistungs-

---

[1] Betriebstemperaturbereiche: https://de.wikipedia.org/wiki/Temperaturbereiche_von_Elektronikbauelementen/

elektronik, sind solche Temperaturen generell nicht ungewöhnlich. Diese Geräte sind oft in einem soliden Gehäuse aus Metall verbaut und mit massiven Kühlkörpern ausgestattet.

Überspannung als Fehlerursache

Fällt eine Versorgungsspannung aus, so wird irgendwo in der Schaltung ein Bauteil einen Defekt aufweisen. Dies kann durch eine Überhitzung oder einen zu hohen Stromfluss ausgelöst worden sein. Nicht zwingend ist der Grund bei dem betroffenen Bauteil zu suchen. Das ausgefallene Bauteil war nur das schwächste Glied in der Kette. Der Defekt kann aufgetreten sein, weil es einem zu starken Strom, oder einer zu hohen Spannung ausgesetzt war. In diesem Fall muss die Ursache, bei den in der Schaltung vor- oder nachgelagerten Bauteilen gesucht werden. Ein Beispiel ist ein Spannungsregler, der durch einen Defekt seine Eingangsspannung auf den Ausgang durchgibt und so die durch ihn versorgte Baugruppe zerstört. Wenn gewisse Bauteile in diesem Schaltungsteil nur eine maximale Betriebsspannung von 12 V vertragen, die Spannungsversorgung aber auf 24 V angestiegen war, so bleibt einem nichts anderes übrig als alle betroffenen Bauteile zu ersetzen. Aber nicht alle Bauteile in der Baugruppe werden betroffen sein, passive Bauelemente sind in der Regel unempfindlich gegenüber solchen Fehlern. Alle aktiven Bauteile sollten mithilfe ihrer Datenblätter identifiziert werden. Mit einem Bauteiltester wird dann die Funktion überprüft, so kann der Austausch noch funktionierender Bauteile vermieden werden.

Messgeräte die helfen

Geräte, wie der Atlas DCA75 Pro[1], oder der Komponententester an einem Oszilloskop helfen dabei. Auch mit einem Multimeter kann eine Überprüfung stattfinden.

Ein Halbleitertester für Transistoren und Dioden und ein ESR-Messgerät für Kondensatoren sind sehr hilfreich, aber auch schon Teil einer gehobeneren Ausstattung.

Unsaubere Spannungsversorgung

Nicht direkt offensichtliche Probleme mit der Spannungsversorgung werden beim Einsatz eines Oszilloskops sichtbar. Eine nicht saubere Spannungsversorgung, mit einer die Gleichspannung überlagernden Wechselspannung, führt oft zu Fehlern in der Schaltung. Der dadurch erzeugte Rippelstrom[2] wird durch defekte Kondensatoren verursacht. Eine gewisse Restwelligkeit[3] tritt in fast jeder Spannungsversorgung auf, die aus einer Wechselspannung eine Gleichspannung bereitstellt. Diese Restwelligkeit sollte nur wenige Millivolt betragen. Verursacht wird dieses Problem entweder durch die Kondensatoren, oder durch einen defekten Gleichrichter. Konstruktionsbedingt darf dies bei einem batteriebetrie-

---

[1] Bauteiltester: http://www.peakelec.co.uk/acatalog/dca75-dca-pro.html
[2] Rippelstrom: https://de.wikipedia.org/wiki/Rippelstrom
[3] Restwelligkeit: https://de.wikipedia.org/wiki/Restwelligkeit

benen Gerät nicht auftreten, weil dabei die Spannung durch einen chemischen Prozess erzeugt wird.

Defekte Kondensatoren

Abgesehen von Spannungsreglern sind Kondensatoren die am meisten belasteten Bauteile in einem Netzteil. Durch falsche Dimensionierung, oder eingebaut an einer Stelle, die sie einer zu großen Betriebstemperatur aussetzt, altern Kondensatoren schnell und trocknen aus. Dadurch verlieren sie ihre Kapazität oder fallen ganz aus.

In Netzteilen modernerer Bauart, oder den für höhere Last ausgelegten Schaltnetzteilen[1], führen diese ausgetrockneten Kondensatoren zu einem Zusammenbruch der Funktion. Ein Schaltnetzteil ist darauf angewiesen, dass Kondensatoren einen niedrigen ESR[2] aufweisen. Ein „*E*quivalent *S*eries *R*esistance", der äquivalente Serienwiderstand eines Kondensators, ist ein elektrischer Wert, der präzise eingehalten werden muss, damit der Kondensator in einem Schaltnetzteil seiner Aufgabe nachkommen kann. Steigt der ESR an, funktioniert ein Schaltnetzteil nicht mehr.

Der ESR kann mit einem geeigneten Messgerät in der Schaltung überprüft werden. Im Kapitel „Messgeräte"

---

[1] Schaltnetzteil: https://de.wikipedia.org/wiki/Schaltnetzteil
[2] ESR: https://www.elko-verkauf.de/low-esr-typen/90-low-esr-definitionen/244-low-esr-genau-erklaert.html

finden Sie eine Beschreibung, wie solch eine Messung durchgeführt wird.

Bevor Sie eine Messung an einem Kondensator vornehmen, müssen Sie sicherstellen, dass dieser nicht mehr geladen ist. Schließen Sie dafür die Anschlüsse des Kondensators, mit einem Schraubendreher, kurz. Achten Sie darauf, die Kondensatoranschlüsse nicht mit den Fingern zu berühren. Kondensatoren können, je nach Position in der Schaltung, noch auf 230 V (oder mehr) der Netzspannung aufgeladen sein. Wenn ein Kondensator kurzgeschlossen wird, fließt ein hoher Strom. Obwohl dieser nur sehr kurz auftritt, kann er möglicherweise Ihrem Messgerät schaden. Durch geladene Kondensatoren, selbst wenn das Gerät von der Steckdose getrennt wurde, kann immer noch Lebensgefahr ausgehen. Bleiben Sie während der Fehlersuche weiterhin vorsichtig!

Die durch die Messung als defekt identifizierten Kondensatoren müssen gegen gleichwertige und gleichartige Kondensatoren ausgetauscht werden. Gleichartig bedeutet, dass z.B. ein „Low ESR" Typ verbaut werden muss, wenn ein solcher in der Schaltung verbaut war.
Dies ist aber nicht überall der Fall. Achten Sie darauf, welcher Typ Kondensator verwendet wurde.

Wenn Kondensatoren altern, so beulen diese gut sichtbar an der Oberseite aus. Da dort die Sollbruchstellen eines Kondensators eingearbeitet sind, erkennbar an dem X auf der Oberseite, platzt der Kondensator dort mit einem Knall. In wenigen Fällen passiert dies auch an der Unterseite, dort wo die Drahtbeinchen des Kondensators austreten. Das ist noch schwerer zu entdecken, wenn Kondensatoren mit gummierten Klebemittel befestigt sind, um sie vor Erschütterungen zu sichern.

Wenn beim Ersetzen defekter Kondensatoren die Löcher in der Platine nicht deckungsgleich sind, so müssen die Anschlussdrähte des Kondensators erst mit einer Zange zurechtgebogen werden. Dabei darf kein mechanischer Stress auf die Drähte ausgeübt werden. Auf keinen Fall soll der Kondensator so an seinen Platz gedrückt werden, dass die Anschlussdrähte wie im Spagat gespreizt werden. Mit der Zeit werden sonst die Kondensatoren am Übergang der Drähte ins Gehäuse undicht.

Nach dem Austausch sollte die Spannungsversorgung wieder funktionieren. Folgefehler in der Schaltung werden durch ausgefallene Kondensatoren normalerweise nicht verursacht.

Kondensatoren haben einen hohen Toleranzbereich, d.h. die aufgedruckten Werte können um 20% über- oder unterschritten werden. Dies ist bei allen Kondensatoren so. Ein gleichwertiger Ersatzkondensator kann, falls der exakte Wert nicht mehr verfügbar sein sollte, einen leicht anderen Wert aufweisen, solange er noch im genannten Bereich liegt. Bei der Kapazität sollte man immer beim gleichen aufgedruckten Wert bleiben. Bei der Spannungsangabe sollte der Wert immer gleich oder größer sein, z.B. kann man einen alten Kondensator, der für 25 V ausgelegt war, mit einem 45 V Kondensator ersetzen. Man sollte aber nie einen 330 µF Kondensator gegen ein Modell mit 220 µF ersetzen. Verwenden Sie in dem Fall einen 330 µF oder notfalls einen 470 µF Kondensator. Die Regel lautet, dass man möglichst den gleichen Wert bei der Kapazität verwendet und immer einen gleichen oder höheren Wert bei der Spannung. Findet man dann immer noch keinen Ersatz, so versucht man, einen Kondensator zu finden, der den nächst höheren Kapazitätswert aufweist.

Wenn man von dieser Regel abweicht, sollte man dies nur tun, wenn man exakt weiß welche Funktion der Kondensator an dieser Stelle der Schaltung erfüllt und welche Effekte bei einer Abweichung auftreten.

Kondensatoren können zum Glätten und zum Filtern dienen. Je nach Einsatzzweck und in Kauf genommener Abweichung von den Werten, kann ihre Funktion möglicherweise nicht mehr erfüllt werden.

Die Temperaturangabe auf dem Kondensator bezeichnet die maximale Arbeitstemperatur, bei der seine Eigenschaften (Kapazität und ESR) mittelfristig erhalten bleiben. Generell ist bei einer Reparatur aber zu empfehlen, defekte Kondensatoren, die für 85°C spezifiziert sind, gegen 105°C Typen zu ersetzen.

Ersatzteile

Es gibt Firmen die sich darauf spezialisiert haben, die unterschiedlichen Kondensatoren für Geräte, die für bestimmte Defekte anfällig sind, in einem Set zusammenzufassen und zu verkaufen[1]. Oft spart man dadurch Zeit und Geld.

Mit solch einem Set tauscht man proaktiv alle Elkos aus. Denn wenn einer der darin verwendeten Elkos aufgrund Alterung schon defekt ist, werden die anderen erfahrungsgemäß bald folgen.

Wenn Sie neue Kondensatoren kaufen, sollten Sie welche mit guter Qualität kaufen. So verringern Sie die Wahrscheinlichkeit, dass derselbe Defekt nochmal auftritt. Elkos mit guter Qualität bekommen Sie von Nichicon, Panasonic, EPCOS. Manche Leute sagen alle Hersteller die auf *icon enden wären gut. Dies ist keine abschließende Liste, sie gibt ihnen aber zumindest einen Startpunkt für Ihre eigene Recherche.

Defekte Gleichrichter

Brückengleichrichter prüft man mit dem Diodentester des Messgeräts. Entweder ist er als einzelnes Bauteil mit vier Beinchen vorhanden, oder die vier Dioden sind einzeln auf der Platine angeordnet. Für den Test ist dies unerheblich, auch für den Austausch besteht kaum ein Unterschied. Ist der Brückengleichrichter ein einzelnes Bauteil, ist in der Regel ein passender Ersatz schnell

---

[1] Elko-Set Verkauf: http://www.elko-verkauf.de/

gefunden. Bei einem Aufbau des Gleichrichters mit einzelnen Dioden tauscht man die defekte(n) Diode(n) gesondert aus.

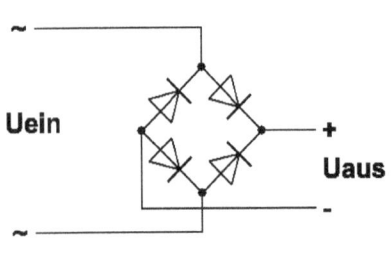

Abb. 4 Brückengleichrichter

In Geräten, in denen der Gleichrichter an einen Kühlkörper geschraubt ist, muss man bei einem Austausch darauf achten, hinterher einen Typ zu verwenden, der die gleiche thermische Beanspruchung und Spannung aushält. Mit etwas Wärmeleitpaste wird die Wärmeübertragung sichergestellt, eine Klammer oder Schraube sorgt für den Kraftschluss zwischen Gleichrichter und Kühlkörper.

<u>Kühlung durch einen Luftstrom</u>

In älteren Geräten wird, bei der Bauweise mit einzelnen Dioden, eine Lücke zwischen Platine und Diode gelassen. So kann die Luft besser um die Diode zirkulieren und es findet eine bessere Kühlung statt.

Um die Kühlleistung zu erhöhen, befinden sich möglicherweise die Dioden oder der Gleichrichter, in der Nähe des Gehäuselüfters, um sie im Luftzug zu positionieren. Diese aktive Kühlung ist dann direkt vom Lüfter abhängig. Hat man ein Gerät vor sich, dessen Lüfter ausgefallen war, kann dies also zu einer Beschädigung der Gleichrichterdioden geführt haben.

Ist die Spannungsversorgung wieder hergestellt, so überprüft man noch einmal das Gerät auf den Fehler oder einen neu hinzugekommene Defekt. Dieser kann möglicherweise auf einen, durch den ersten Defekt verursachten, Folgefehler zurückzuführen sein.

5.2 Die Schaltung

Ist die Spannungsversorgung in Ordnung, oder stand der Defekt nicht im Zusammenhang damit, teilt man die Hauptschaltung in ihre logischen Blöcke auf. Das weitere Überprüfen und Entstören erfolgt dann Block für Block.

Durch die Beschreibung der Fehlerursache, der Auswirkung des Fehlers und dem Zustandekommen des Fehlers, hat man oft einen Ansatzpunkt, wo man mit der Suche beginnen kann.

Auch Symptome, die man beobachtet hat, als man sich einen Überblick verschafft hat, helfen einem weiter. Bleibt das Display dunkel, obwohl die Spannungsversorgung in Ordnung ist, so sucht man zuerst bei dem Display nach dem Problem.

Eine Schaltung besteht, vereinfacht dargestellt, immer aus einem Signal und den Bauteilen die dieses Signal verändern oder aufbereiten. Alle aktiven Bauteile benötigen eine Spannungsversorgung und damit zumeist eine äußere Beschaltung.

Dem Signal folgen

Hat man keinen Hinweis, wo der Defekt liegen könnte, bietet es sich an dem Signal zu folgen. Bei einem Verstärker folgt man dem Eingangssignal durch die Schaltung. Dabei überprüft man die einzelnen Teile seiner

Schaltung, wie zum Beispiel den Eingang, den Vorverstärker und dann die Endstufe.

Liegt Ihnen ein Schaltplan des Gerätes vor, so können Sie darin die einzelnen Teile der Schaltung identifizieren und gezielt planen, an welcher Stelle Sie das Signal abgreifen und überprüfen möchten. Verwenden Sie dazu, je nach Signalform, ein Multimeter oder Oszilloskop.

Hilfsbereite Datenblätter
   Schaltungen um ICs herum sind oft an die Schaltungsbeispiele in dem dazugehörigen Datenblatt angelehnt. Darin wird oft die Vorgehensweise zur Überprüfung der Funktionsweise beschrieben. So können Sie, auch wenn Ihnen zum eigentlichen Gerät kein Schaltplan zur Verfügung steht, zumindest Teile der Schaltung überprüfen und entstören. Mit etwas Glück reicht das dann schon aus, um den Fehler zu finden.

Verstärkerstufen orientieren sich an den Grundschaltungen der Transistoren und auch die Beschaltung der Operationsverstärker orientiert sich an deren Grundschaltungen. Und damit folgt die klare Regel, dass ein Eingangssignal gemäß der verwendeten Grundschaltung in ein damit gegebenes Ausgangssignal umgewandelt wird. Bei einem Operationsverstärker, der als invertierender Verstärker aufgebaut ist, ist z.B. das Ausgangssignal ein invertiertes und verstärktes Abbild des Eingangssignals. Die äußere Beschaltung des Operationsverstärkers gibt einem Aufschluss darüber, wie stark die

Verstärkung des Signals sein sollte. Die Details dazu verrät das Datenblatt des Operationsverstärkers, mit der darin vermerkten Formel, welche Widerstandswerte in welchem Verhältnis zueinander zu welcher Verstärkung führen.

Nehmen Sie sich einen Bleistift und markieren Sie in dem Schaltplan des Geräts die entsprechenden Teile der Schaltung und erarbeiten Sie sich so, Stück für Stück, ein Verständnis der Schaltung. Nutzen Sie ihr Tabellenbuch und die anderen erwähnten Bücher, um so viele Schaltungsteile wie möglich zu identifizieren. Zeichnen Sie in den Schaltplan, oder auf einem Blatt Papier, die zu erwartenden Signalformen und deren Wert ein, um diese später mit Ihren Messungen zu vergleichen. Eine so gefundene Abweichung, zwischen dem gemessenen Ist-Wert und dem erwarteten Soll-Wert, deutet auf einem möglichen Defekt oder einen Denkfehler hin. Mit wachsender Erfahrung werden die Denkfehler weniger. Verlieren Sie aber nicht den Mut, diese Denkfehler zu machen. Nur so lernen Sie und werden besser in der Fehlersuche.

Auf den Fehler konzentrieren

Sie müssen nicht den kompletten Schaltplan entschlüsseln, nicht jeder Teil der Schaltung muss verstanden werden. Mit der Zeit wird es Sie nicht mehr irritieren, dass Sie sich nur mit dem Teil beschäftigen der wahrscheinlich defekt ist und in dem Sie den Fehler suchen, und den Rest nicht beachten. Wie die komplizierte Displayansteuerung funktioniert, die augenscheinlich in Ordnung ist, interessiert Sie dann bei der Fehlersuche nicht. Wenn Sie etwas in dem Gerät interessiert, untersuchen Sie es später, wenn das Gerät wieder funktioniert. Aber bei der Fehlersuche sollten Sie sich zuerst mal nicht ablenken lassen.

Irgendwann werden Sie bei der Suche dann an eine Stelle kommen, an der Sie den Fehler vermuten. Wenn Sie nun noch etwas unsicher bezüglich der Eingrenzung des Fehlers sind, nehmen Sie nochmal den Schaltplan zu Hilfe und denken Sie über eine Tasse Kaffe nochmal drüber nach. Befindet sich an dieser Stelle ein Bauteil, von dem Sie definitiv vermuten dass es defekt ist, sollten Sie es auf jeden Fall überprüfen. Dabei stehen Sie wahrscheinlich vor dem Problem, dass sich das Bauteil im eingebauten Zustand nicht überprüfen lässt. Der schnellste und unkomplizierteste Weg ist nun das Bauteil zu entlöten.

Bei Widerständen, Dioden und ähnlichen Komponenten, ist es am einfachsten nur ein Beinchen zu entlöten und anzuheben. Nun können Sie das Bauteil mit einem Multimeter testen.

Integrierte Schaltkreise

ICs entlötet man am besten komplett mit einer Entlötstation, um die thermische Belastung so gering wie möglich zu halten. Den entlöteten IC testet man in einer Steckplatine. Im dazugehörigen Datenblatt findet man oft eine Beschreibung der minimalen äußeren Beschaltung, mit der sich die Funktion überprüfen lässt. Dies ist aber zeitaufwändig und bei gängigen und stark verbreiteten ICs kann man sich dies sparen und einfach einen Ersatz kaufen und ausprobieren. Bei selteneren, oder sehr teueren ICs, muss man aber oft den aufwändigeren Weg gehen.

Bei einem Gerät, dessen ICs gesockelt sind, stellen genau diese Sockel manchmal eine Fehlerquelle dar. Zieht man die ICs heraus, und steckt sie wieder herein, verschwinden Kontaktfehler, die sich im Laufe der Zeit durch Korrosion gebildet haben. Mit einem Glasfaserpinsel können Sie die Anschlussbeinchen des ICs reinigen und blank bekommen.

Relais

Bei Relais prüfen Sie ob diese ein Öffner oder Schließer sind und ob die Kontakte nicht abgebrannt sind. Stellen Sie sicher, ob die Relais auch noch anziehen und deren Freilaufdiode funktioniert. Diese Freilaufdiode ist entweder im Relais integriert oder in der äußeren Beschaltung des Relais zu finden. Sie ist mit der Spule des Relais direkt verbunden und schützt die Schaltung vor der Spannungsspitze, die beim Abfallen des Relais erzeugt wird. Achten Sie beim Austausch darauf, den gleichen Typ zu verwenden.

Bei der Reparatur von Laptops oder LCD-Monitoren ist ein Oszilloskop sehr empfehlenswert, weil es die Fehlersuche deutlich vereinfacht oder manche Signalformen nur damit gefunden und analysiert werden können. Jedes Oszilloskop mit 50 MHz bis 100 MHz ist ausreichend, denn es wird nicht direkt die Taktfrequenz der CPU oder des Arbeitsspeichers gemessen. Der größte Teil der Fehler betreffen die Spannungsversorgung oder die Einschaltlogik. Deshalb ist es nötig, zusätzlich zu den üblichen Messungen der Spannungsversorgung, die PWM-Signale der Buck-/Boost-Konverter zu überprüfen. Ersteres kann man noch gut mit einem DMM messen, für Letzteres ist ein Oszilloskop notwendig. Nur so kann man das Vorhandensein eines PWM-Signals und die Qualität der Ausgangsspannung, d.h. die Restwelligkeit, überprüfen. Auch die Übergänge von High zu Low können damit erfasst werden, um die Schaltschwellen zu überprüfen. Ein digitales Oszilloskop mit „Single Shot" Funktion ist dann das Mittel der Wahl.

6. Arbeitsmittel

Bei der Zusammenstellung der Werkzeuge und Geräte, habe ich mich an der Ausstattung für einen Elektroniker-Arbeitsplatz orientiert.

Man stellt sich immer die Frage, was ist notwendig und was wäre schön zu haben. Bei der Reparatur von elektronischen Geräten trifft man auf viele unterschiedliche Anforderungen an die Ausstattung des Arbeitsplatzes. Allein der Wandel von THT (Through Hole Technology), also bedrahtete Bauteile, zu SMD (Surface Mount Devices), spiegelt den kompletten Wechsel einer Technologie wieder. Heutige LowPower-Schaltungen verhalten sich anders als frühere 12 V Schaltungen und der Einsatz von hochfrequenten Schaltungen mit Speicherchips steigert die Anforderungen an geeignete Messmittel.

Deshalb habe ich die Liste erweitert und Geräte berücksichtigt, die bei einer Basisausstattung nicht dabei wären und auch ein weiteres Arbeitsfeld abdecken, als es bei einem reinen Elektroniker-Arbeitsplatz der Fall wäre. Nennen wir ihn also einen Maker-Arbeitsplatz, denn als Maker macht man mehr, als das Tätigkeitsfeld eines reinen Elektronikers beschreibt.

Die nachfolgende Zusammenstellung berücksichtigt deshalb recht viel. Damit können Sie aber auch an Schaltungen arbeiten, die µController beinhalten.

Eine Sache ist in dem Zusammenhang noch wichtig: Die eigenen Reparaturen werden nicht besser und nicht erfolgreicher, indem man sich teure Messgeräte kauft. Kaufen Sie was nötig ist, um eine Reparatur durchführen zu können. Kaufen Sie nichts, was nur schön aussieht und was Sie gerne besitzen würden, ohne dass es Ihnen einen praktischen Nutzen bietet.

6.1 Werkzeuge

<u>Lötkolben</u>

Beim Löten sollte man die Zeit, in der das Bauteil erhitzt wird, so kurz wie möglich halten. Mit der zunehmenden Miniaturisierung der Bauteile sind diese empfindlicher geworden. Insbesondere in Hinsicht auf die beim Löten verwendete Temperatur.

Ein Lötkolben mit 50 bis 80 Watt, Potentialausgleich und Temperatursteuerung entspricht heutzutage dem Standard und hilft die oben genannten Anforderungen, bzgl. der Löttemperatur, einzuhalten. Der Potentialausgleich, der an der Erdungsbox angeschlossen wird, verhindert einen Potenzialüberschlag im Bauteil. Diese Potenzialüberschläge können zu Vorschädigungen in Bauteilen führen, die im schlimmsten Fall Funktionsstörungen des Geräts zur Folge haben.

Bei der Wahl des Lötkolbens sollten sie darauf achten, dass eine umfangreiche Auswahl an Lötspitzen erhältlich ist. Diese sollten nicht zu teuer sein, da ein Wechsel der Spitzen je nach Situation nötig ist. Auch beim Wechsel von bleifreien Lötzinn zu verbleitem Lot muss die Spitze gewechselt werden. Arbeitet man wechselweise an alten Geräten und moderner RoHS konformer Elektronik, die bleifrei gelötet ist, wird das notwendig, wenn man nicht zwischendrin aufwändig die Lötspitze reinigen möchte.

Niemals sollte man Reparaturen auf einer bleifrei verlöteten Platine mit verbleitem Lötzinn durchführen, oder anders herum. Eine Vermischung von verbleitem mit bleifreiem Lot kann eine Schädigung der Lötstelle zur Folge haben. Auch kann die langfristige Haltbarkeit der Lötstelle beeinträchtigt werden.

Wählen Sie für die anstehende Lötaufgabe die richtige Spitzenform, um eine möglichst rasche Wärmeübertragung zu gewährleisten. Dies verbessert die Qualität der Lötstelle und schützt das Bauteil. Als Daumenregel könnte man sagen, dass das Verlöten einer Lötstelle nie länger als 2 Sekunden dauern sollte. Dies gilt incl. Erhitzen und Aufbringen des Lötzinns. Bei Bauteilen, mit großer verbundener Massefläche, kann diese Regel nicht immer eingehalten werden. Hier kann das Verlöten bis zu 5 Sekunden dauern. Mehr als 5 Sekunden deuten aber auf einen zu kalten oder zu leistungsschwachen Lötkolben hin. Man sollte bestrebt sein, die Zeit so kurz wie möglich zu halten.

Ein temperaturgeregelter Lötkolben, oder Lötstation, wird für verbleites Lot auf etwa 300°C bis 320°C und für bleifreies Lötzinn auf etwa 320°C bis 340°C eingestellt. Bleifreies Lot hat in der Regel einen 20°C bis 40°C höher gelegenen Schmelzpunkt. Je nach verwendeter Lötspitze und Leistung des Lötkolbens, aber auch Zusammensetzung des Lötzinns, schwanken diese Werte um ±10°C. Die Temperaturanzeigen sind oft nicht kalibriert, die angezeigte Temperatur kann von der tatsächlichen Lötspitzentemperatur abweichen.

Einer anderen Regel folgend, können Sie die Lötkolbentemperatur 100°C höher einstellen, als der Schmelzpunkt des von Ihnen verwendeten Lots angegeben ist.

Ein gutes Lot für Anfänger ist das verbleite SN60PB40. Dies hat einen Schmelzpunkt von 190°C, was ungefähr eine Lötkolbentemperatur von 290°C erfordern würde. Wie Sie bemerken, liegt dies in dem Bereich, den ich schon bei der vorher genannten Daumenregel genannt hatte.

Wenn Sie bleifreies Lot verwenden wollen, oder müssen, dann suchen Sie sich eins aus, dessen Löttemperatur niedrig liegt. Wenn der Schmelzpunkt mit den hinzuaddierten 100°C jenseits der 350°C Lötkolbentemperatur liegt, dann rate ich davon ab, dieses zu verwenden. Sie würden sonst, ohne ausreichende Übung, nur sehr schwer in der Lage sein eine verlässliche Lötstelle hinzubekommen.

Ermitteln Sie bei ihrem Lötkolben, durch ausprobieren, die richtige Temperatureinstellung. Die Lötpunkte müssen gleichmäßig sein und einen kleinen Benetzungswinkel aufweisen. Die Oberfläche sollte möglichst glatt, ohne poröse Stellen und glänzend sein. Körnige Oberflächen deuten auf eine Überhitzung oder eine zu lange Lötzeit hin. Bei bleifreiem Lot können sich matte Oberflächen ausbilden, dies mindert nicht die Qualität der Lötstelle.

Eine Temperatur über 350°C wird beim Handlöten nicht verwendet. Die Lötspitzen werden in Verbindung mit dem Lötzinn und der hohen Temperatur durch Oxidation und Verzunderung geschädigt. Dieser Prozess beschleunigt sich, je höher die Lötspitzentemperatur liegt. Deshalb mein Abraten von bleifreiem Lot mit zu hohem Schmelzpunkt.

Manche Handlötkolben haben eine feste Temperatureinstellung von bis zu 400°C. Diese hohe Temperatur wird gewählt, weil diese Lötkolben nur eine geringe Leistung von 20 bis 30 Watt haben. Bei Lötpunkten mit guter Wärmeableitung kühlt die Lötspitze ab und das Lötzinn kann nicht mehr aufgeschmolzen werden. Diesen Punkt versucht man durch die hohe Temperatur zu verzögern. Dies ist ein Kompromiss, der das Löten dann noch möglich macht, aber auf Kosten der Haltbarkeit der Lötspitze.

Zum Abstreifen des Lötzinns von der Lötspitze verwenden Sie am besten einen feuchten Schwamm oder einen Metallschwamm. Der feuchte Schwamm sollte nicht im Wasser schwimmen, oder eine Pfütze bilden, wenn man mit dem Finger reindrückt. Er sollte nur soweit angefeuchtet sein, um zu verhindern, dass die Lötspitze ihn verbrennt. Er soll kein Tauchbad zum Abschrecken der Lötspitze sein. Ist der Schwamm zu nass, wird die Lötspitze beim Verdampfen des Wassers rapide abgekühlt. Dies kann zu Rissen in der Oberfläche der Lötspitze führen, die den Kupferkern angreifbar macht.

Schonender sind die Metallschwämme zum Abstreifen des Lötzinns. Verwenden Sie aber nicht denselben Metallschwamm, um verbleites und unverbleites Lot abzustreifen. Damit würden Sie die Reste an der Lötspitze vermischen und die schon genannten Probleme verursachen. Als Kompromiss könnten Sie sich angewöhnen, auf der einen Seite des Metallschwamms nur das verbleite Lot und auf der anderen Seite nur das unverbleite Lötzinn abzustreifen. Aber das müssen Sie ja nicht jedem verraten.

Saugen Sie beim Löten die Dämpfe ab, die entstehen. Entsprechende Lötdampfabsauger finden Sie bei den Versandhändlern und im Internet. Bei gelegentlichen Lötarbeiten reicht auch ein Tischventilator, oder ein alter 12 V Lüfter aus dem Computerbereich. Ein empfehlenswertes Gerät ist der „Lötdampfabsorber LDA 11" von Distelkamp Electronics[1].

Noch eine kurze Anmerkung zu verbleitem Lot: Blei ist zwar ein Gift für den menschlichen Körper, kann aber nicht in fester Form durch die Haut aufgenommen werden. Die Dämpfe sind beim Löten das eigentlich schädliche. Diese Dämpfe einzuatmen muss vermieden

---

[1] Distelkamp Electronics: http://www.loetdampf.de/
[1] Wiha PicoFinish: http://www.wiha.com/de/
[2] Schraubprofile: http://www.wiha.com/de/ratgeber-schraubprofile/

werden! Sorgen Sie auch für eine ausreichende Belüftung.

Wenn Sie mit verbleitem Lötzinn arbeiten, waschen Sie sich hinterher die Hände. Das reicht als Schutzmaßnahme aus.

Entlötstation

Neben der Möglichkeit, eine Entlötpumpe zu nutzen, kann sich der Kauf einer Entlötstation lohnen. Dieser mit einer Hohlspitze und Unterdruck arbeitende Lötkolben kann das erhitzte und weich gewordene Lötzinn absaugen. Beim Entlöten von bedrahteten ICs gibt es kaum eine andere Technik, die so schnell arbeitet. Die Zeit, in der der IC erhitzt wird, verringert sich auf ein Mindestmaß und der IC wird nicht geschädigt. So kann er nach dem Entlöten ggf. wieder eingesetzt und weiterverwendet werden. Wenn man häufig Geräte ausschlachtet, Bauteile ersetzt oder gerne Material aus Elektroschrott rettet, ist die Entlötstation eine praktische Hilfe.

Heißluft-Lötstation

Eine Heißluft-Lötstation, oder auch Hot-Air-Station genannt, wird zum Erhitzen von Bauteilen genutzt, deren Anschlüsse man mit einem normalen Lötkolben nicht erreichen kann. Oder aber auch zum Entlöten von SMD-Bauteilen.

Lötdampfabsorber

Ein Lüfter, der den beim Löten entstehenden Dampf absaugt. Manche Modelle verfügen über einen Filter, um die abgesaugte Luft zu reinigen.

Handwerkzeuge

Für die verschiedenen Arbeiten benötigt man eine Anzahl an Handwerkzeugen. Nicht alles, was nachfolgend aufgeführt wird, ist zwingend nötig und stellt deshalb eine Ideal-Ausstattung dar.

Gut zu haben ist eine Auswahl an Elektronik-Seitenschneidern in verschiedenen Größen, um feine und dickere Drähte zu schneiden.

Verschiedene Flachzangen und Spitzzangen, um Drähte in Form zu bringen und um Anschlüsse von Bauteilen passend zu formen. Hierfür gibt es auch spezielle Biegelehren, um bedrahtete Bauteile passgenau für das Rastermaß abzuknicken.

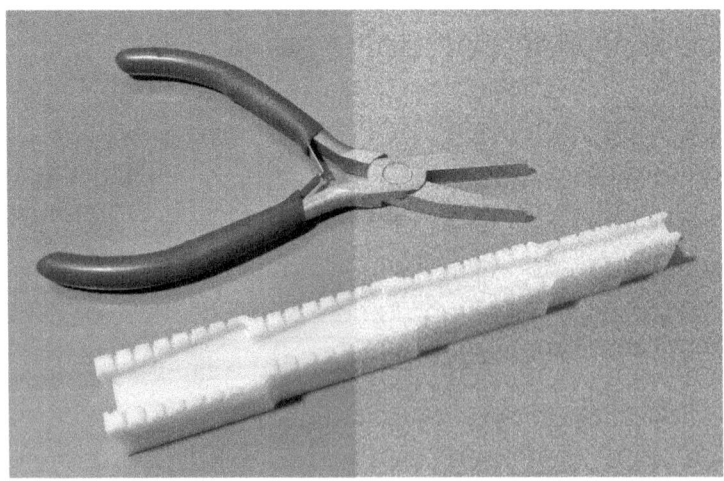

Abb. 5 Flachzange und Biegelehre

Ein Elektronik-Schraubendreher-Set mit Schlitz, Phillips und Pozidriv. Auch Bits für TORX und Innensechskant sollten nicht fehlen. Dies ist eine unschätzbare Hilfe für die verschiedenen Gehäuseschrauben und die in Geräten verwendeten Spezialschrauben. Von der Firma Wiha gibt es die PicoFinish[1] Schraubendrehersätze, für feine und filigrane Schraubarbeiten.

Eine Übersicht über Schraubprofile[2] findet man im Netz, ein guter Hersteller bietet entsprechende Sets seiner Schraubendreher mit Halterung an. So können die Schraubendreher Platz sparend und übersichtlich in Reichweite angebracht werden.

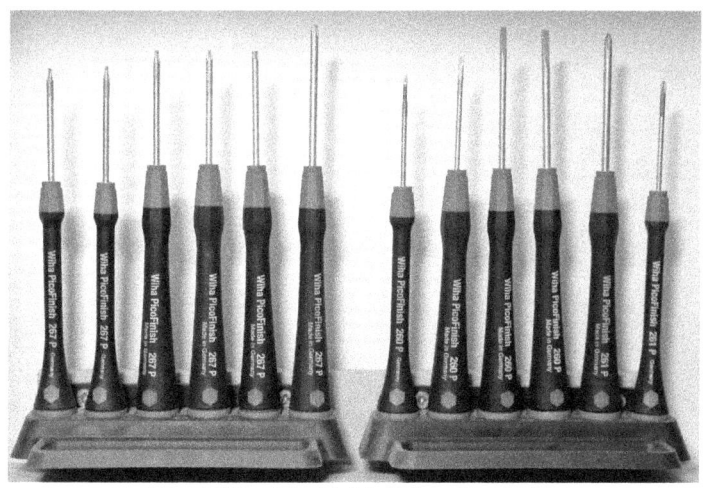

Abb. 6 Wiha PicoFinish Schraubendreher

Weitere nützliche Hilfsmittel sind Platinenhalter, Isolierband, ein Cutter, Entlötlitze in verschiedenen Breiten, Lötzinn in verschiedenen Dicken, Flussmittel, Pinzetten, eine Taschenlampe, eine Lupe, eine Schieblehre.

Weitere, speziell zur Gehäuseöffnung nützliche Werkzeuge finden Sie im Kapitel „Gehäuseöffnung".

6.2 Messgeräte

Multimeter

Das grundlegende Gerät, das eine Fehlersuche ermöglicht, ist das Multimeter. Die Preisspanne ist groß und modern sehen sie fast alle aus. Danach sollte man nicht gehen, sondern schauen Sie zuerst genau auf die Schutzklasse des Geräts, bevor Sie die Features vergleichen. Bei Handmultimeter entspricht eine Schutzklasse CAT III mit 1000 V und/oder CAT IV mit 600 V für die Eingangsbuchsen zur Spannungsmessung dem heutigen Standard. Bei Tischmultimetern ist es CAT II, da diese einen Netzstecker für den Betrieb benötigen und nicht wie ein Handmultimeter ein „floating device" sind.

Billige Geräte die keinerlei Messkategorie[1] aufweisen, sollten Sie meiden. Im schlimmsten Fall können diese, z.B. beim falschen Anschließen der Prüfschnüre an dem Testobjekt, tödlich sein. Billige Messgeräte sind vom Aufbau nicht so unterteilt und von den Sicherheitsabständen dimensioniert, dass sie einen ausreichenden Schutz aufbringen, wenn es zu einer Energiespitze kommt.

Ein Multimeter sollte zumindest 3¾ oder 4½ Digits aufweisen und eine automatische Bereichswahl besitzen. Es gibt Tischmultimeter und Handmultimeter. Tischmultimeter zeichnen sich durch ein größeres und besser ablesbares Display aus. Handmultimeter sind ausschließ-

---

[1] Messkategorie: https://de.wikipedia.org/wiki/Messkategorie

lich batteriebetrieben. Hochpreisige Tischmultimeter weisen mehr Features auf als Handmultimeter. Mit einem Gerät in der Preisklasse und Ausstattung wie ein UNI-T UT61D oder UT61E kann man am Anfang nichts falsch machen. Eine „TrueRMS" Messfunktion ist heutzutage Standard in einem Multimeter. Sparen Sie nicht am falschen Ende, ein Multimeter begleitet Sie viele Jahre und wird Ihr primäres Messgerät sein, auf das Sie sich immer verlassen möchten.

Besser als ein Multimeter sind immer zwei Multimeter! So kann man in einer Schaltung gleichzeitig die Spannung und den Strom beobachten. Außerdem kann man mit zwei Multimetern die angezeigten Werte gegenprüfen, um eine Fehlfunktion auszuschließen.

ESR-Messgerät

Zum Messen von Kondensatoren, auch innerhalb der Schaltung, ist ein ESR-Messgerät notwendig. Mit einem in dem Messgerät generierten Signal wird der interne Widerstand des Kondensators gemessen. An einer zumeist auf dem Gerät aufgedruckten Tabelle kann man dann ablesen, ob dieser noch im Rahmen liegt, oder ob der Kondensator defekt ist.

Manche Multimeter haben eine ESR-Messung integriert.

Bauteil-/Halbleitertester

Zum Testen von Transistoren, Mosfets, Dioden, Kondensatoren (und vielem mehr) eignet sich ein Tester wie der Atlas DCA75[1] von Peak oder ein Bauteiltester wie der LCR-T4[2]. Letzterer bietet zwar nicht so viele Features wie der DCA75, aber in 90% der Fälle reicht dieser aus.

Oszilloskop

Ein Oszilloskop ermöglicht es, den zeitlichen Verlauf von Spannungen zu beobachten. Die so abgebildeten Signalformen erlauben Rückschlüsse auf Fehler und Defekte. Das Oszilloskop ist eines der wichtigsten Mess- und Diagnosegeräte in der Elektronik. Manche Leute behaupten es wäre das dritte Gerät, nach den zwei Multimetern, welches ein Elektroniker sich zulegen sollte.

Ein Oszilloskop mit mindestens 50MHz bis 100MHz Bandbreite reicht für Anforderungen in der Reparatur vollkommen aus.

Die Geräte von Rigol und Siglent[3] bieten zu einem günstigen Preis alle Funktionen, die man benötigt.

Im Gegensatz zum Multimeter wird man ein Oszilloskop austauschen, wenn die Anforderungen sich ändern. Es ist am sinnvollsten sich zu Beginn, wenn man noch kein Oszilloskop besessen hat, ein Gerät zu kaufen, das die aktuellen Anforderungen erfüllt, ohne an die mögliche

---

[1] DCA75: http://www.peakelec.co.uk/acatalog/dca75-dca-pro.html
[2] LCR-T4: http://darcverlag.de/Universeller-Bauteiltester
[3] Oszilloskope: http://www.batronix.com/versand/rigol/Oszilloskope.html

Zukunft zu denken. So kann man sich mit der Handhabung vertraut machen und Erfahrung sammeln. Dies ist nötiges Wissen, um später ein spezialisiertes Gerät kaufen zu können. In welche Richtung man sich mit den Jahren entwickelt, ob man zum Beispiel jemals serielle Protokolle damit decodieren können muss, kann man selten sagen. Um so mehr ist es Verschwendung Geld in Features zu stecken, die man nie benötigen wird.

Viele Leute, die in Internet-Foren nach „dem richtigen Oszilloskop" fragen, sind regelrecht enthusiastisch. Der Traum was sie in Zukunft machen möchten, trübt den Blick auf das jetzt, und sie sind regelrecht enttäuscht, wenn man ihnen aufgrund ihrer beschriebenen Anforderung, ein einfaches Oszilloskop empfiehlt.

Nutzen Sie das gesparte Geld für andere Messgeräte.

Logikanalysator

Zur Decodierung serieller Protokolle, vorwiegend im Bereich der µController, verwendet man einen Logikanalysator. Der zeitliche Verlauf der digitalen Signale wird aufgezeichnet und grafisch dargestellt. Für viele Protokolle, wie zum Beispiel I²C, SPI und RS-232, wird gleichzeitig der übermittelte Inhalt angezeigt. Von Saleae[1] bekommt man für den Hobby-Bereich leistungsfähige USB-Geräte, deren Software auf den gängigen Betriebssystemen benutzbar ist.

---

[1] Saleae Logic: https://www.saleae.com/

IR-Thermometer

Praktisch um die Temperatur von Kühlkörpern oder Bauteilen zu messen. Oder um zu schauen, ob der Kühlschrank noch funktioniert. Darf in keiner Werkstatt fehlen und kostet nicht viel.

Nachfolgend kommen drei Geräte, die Ihnen eventuell nichts sagen. Sollten Sie sich nicht vorstellen können, wofür Sie diese benötigen sollten, dann brauchen Sie diese auch (noch) nicht. :-)

Signalgenerator

Der Signalgenerator ist praktisch für Testaufbauten und man kann Sinus-, Rechteck- und Dreieckssignale generieren. Kann zur Takterzeugung für Versuchsschaltungen genutzt werden, oder um periodische Signale in eigene Schaltungen einzuspeisen, um z.B. Verstärker und Filter zu testen.

Funktionsgenerator

Ein Funktionsgenerator kann alles, was ein Signalgenerator kann. Zusätzlich können aber auch komplexe Signalformen und modulierte Signale generiert werden. Kann zur Takterzeugung für Versuchsschaltungen genutzt werden, oder um spezielle vordefinierte Signalformen in eigene Schaltungen einzuspeisen. Man kann auch individuelle Signalverläufe eingeben, um so spezielle Abläufe in einer Schaltung testen zu können.

Spektrum Analyzer

Ein Spektrum Analyzer wird zum Darstellen und Erfassen eines Signals im Frequenzbereich verwendet und ist nützlich in der RF- und HF-Messtechnik.

Messgerätezubehör

Für die Messgeräteausstattung ist oft noch ein wenig „drumherum" nötig, um alles anschließen und messen zu können.

Mess- und Prüfschnüre

Eine Auswahl an Prüfschnüren, mit verschiedenen Längen und 4mm Bananenstecker an beiden Enden. Dazu eine Hand voll Krokodilklemmen und Prüfspitzen, die auf die Prüfschnüre gesteckt werden können. Es gibt so genannte Mess- und Prüfsets, die all dies beinhalten. Ein Blick darauf kann sich lohnen, aber auch einzeln zusammengestellt bekommt man dies bei den gängigen Online-Shops.

BNC und Koaxkabel

Beim Oszilloskop-Zubehör sollte auch ein Stück Koaxkabel, mit BNC Steckern an den Enden, enthalten sein. Davon kann man immer noch ein paar mehr gebrauchen.

Praktisch ist auch ein Adapter von BNC auf 4mm Bananenbuchsen. So können Sie die Prüfschnüre direkt an das Oszilloskop anschließen. In einer Suchmaschine Ihrer Wahl finden Sie diese mit „bnc banana plug adapter".

Litze

Flexible Litze in verschiedenen Farben und Querschnitten (0,14mm²/0,25mm²/0,5mm²), um in Geräten etwas neu zu verdrahten oder für Experimente. Rot und Schwarz braucht man immer für Stromversorgungen.

6.3 Hilfsmittel

Als Hilfsmittel sammelt sich alles an, was sich in den Jahren als praktisch erwiesen hat.

Von verschiedenen Klebstoffen, Sekundenkleber und Isolierbändern in unterschiedlichen Farben geht es weiter zu Vitrohmeter, Einweghandschuhe, Kabelbinder und Aufkleberentferner. Was man sonst noch braucht, sind ein Schleifklotz, Glasfaserpinsel, ein Set kleine Feilen, Aderenthülsen, Schrumpfschlauch, kleine Schrauben und Muttern, Gehäusefüße, Schutzlack und eine Heißklebepistole.

Reinigungsmittel

Bei älteren Platinen mit oxidierten Kontakten sollte man vorher die betroffene Stelle mit einem geeigneten Reinigungsmittel, einem so genannten oxidlösenden Kontaktreiniger, für das Löten vorbereiten. Eine ganze Auswahl gibt es von „Kontakt Chemie"[1], die Dosen sind bei vielen Elektronik-Versendern erhältlich und stehen auch in den Elektronik-Geschäften im Regal.

Für allgemeines Reinigen und das Entfernen von Staubablagerungen nimmt man einen Blasebalg, oder Druckluft aus der Dose, und wischt anschließend mit Isopropanol. Das löst kein Plastik an und entfernt die meisten Rückstände. Für hartnäckigere Verschmutzungen

---

[1] Kontakt Chemie: http://www.kontaktchemie.com/

benutzt man Leiterplattenreiniger oder Leiterplattenspülung.

Wenn Sie einen Staubsauger benutzen, sollten Sie die Ventilatoren eines Gerätes beim Reinigen nicht mit den Luftstrom „auf Touren" bringen, sondern festhalten.

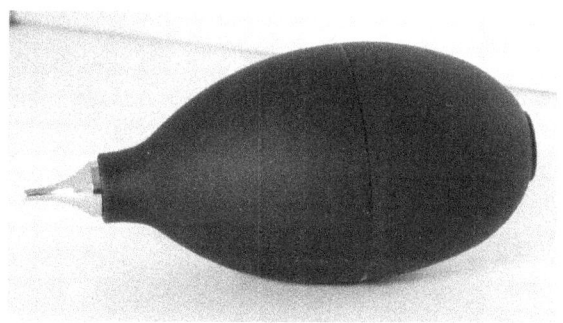

Abb. 7 Blasebalg

Beim Reinigen kann man schon mal einen ersten Blick auf das Gerät werfen und ggf. defekte Bauteile entdecken.

Trenntrafo

Ein Trenntrafo, auch Trenntransformator genannt, schützt Sie bei Arbeiten an Geräten, die an 230 V Wechselspannung angeschlossen sind. Die Netzspannung wird erdungsfrei und wenn nur ein Anschluss berührt wird, passiert Ihnen nichts. Durch diese galvanische Trennung kann man Reparaturarbeiten, Experimente und gewisse Messungen ungefährdet durchführen.

Gehen Sie nicht leichtsinnig mit diesem Gerät um. Bitte informieren Sie sich umfassend, bevor Sie einen Trenntrafo einsetzen!

<u>3D-Drucker</u>

Ein Hilfsmittel im weiteren Sinne ist ein 3D-Drucker. Mit ein wenig Übung im Umgang mit CAD-Software, kann man eigene Objekte konstruieren und passgenaue Ersatzteile für eine Reparatur fertigen.

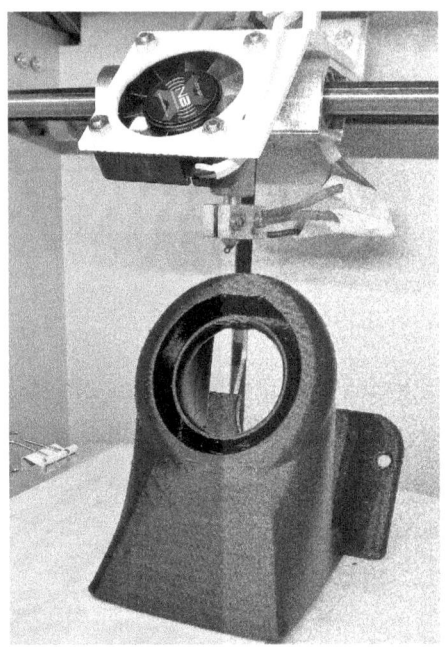

Abb. 8 Druck eines Lüfterhalters

TinkerCAD[1] oder Autodesk 123D[2] gehören zu den moderneren Programmen, die es auch CAD unerfahrenen Benutzern ermöglichen, eigene Objekte zu modellieren. TinkerCAD wird mit Erfolg in 3D-Druck Kursen mit Jugendlichen eingesetzt, die Bedienung ist fast schon

---

[1] TinkerCAD: https://www.tinkercad.com/
[2] Autodesk 123D: http://www.123dapp.com/

intuitiv. Auch Shapesmith oder FreeCAD könnten für Sie interessant sein. Beides ist OpenSource Software.

Möchte man keine Software einsetzen, die an eine Cloud gebunden ist, so eignet sich Google SketchUP[1] und OpenSCAD[2]. Die Maker-Version von SketchUP ist frei erhältlich. OpenSCAD ist OpenSource und kann kostenfrei heruntergeladen werden.

Ein gutes Buch, um sich über 3D-Drucker einen Überblick zu verschaffen, heißt „3D-Druck für alle". Es bietet einen Überblick über die verfügbaren Druckermodelle, Bauformen und die damit verbundenen Vor- und Nachteile.

Mit einem 3D-Drucker lassen sich passgenaue Halterungen für Platinen drucken, die nicht in gängige Gehäuse passen. Für das Innenleben eines Gerätes kann man Lüfterhalter, Platinenhalter und Abstandshalter für Einbaupositionen drucken, die sonst nicht möglich sind. Defekte Plastikteile lassen sich nachdrucken und so lassen sich auch CD-Laufwerke in alten Autoradios wieder reparieren, die ansonsten komplett ausgetauscht werden müssten. Was man z.B. bei Autos, die Klassiker oder Youngster sind, nicht wünscht.

---

[1] Google SketchUP: http://www.sketchup.com/de
[2] OpenSCAD: http://www.openscad.org/

7. Gehäuseöffnung

Die Gehäuse moderner Geräte werden oft durch Plastik-
nasen zusammengehalten oder sogar geklebt. Geräte im
stationären Einsatz werden weiterhin vorwiegend
geschraubt. Zur Öffnung dieser Gehäuse benötigt man
viel Geschick und Übung, aber vor allem das richtige
Werkzeug. Um hinter einem Spalt die Klammer zu lösen,
ohne beim Hebeln Abdrücke im Plastik des Gehäuses zu
hinterlassen, sollte man nicht den Schraubendreher verwenden. Dafür gibt es spezielles Werkzeug.

In dem so genannten Service-Manuals findet man Explo-
sionszeichnungen die zeigen, wie das Gerät geöffnet
werden kann. Findet man kein Service-Manual hilft es, in
einer Suchmaschine, nach Bildern zu dem Gerät zu
suchen. Mit etwas Glück findet man die gesuchten
Details.

Die Firma iFixit[1] hat sich auf die Reparatur von moderner
Consumer-Elektronik spezialisiert. Dabei hat sie auch
eine Vielzahl von Tools entwickelt, mit denen sich die
Geräte öffnen lassen. Denn manche Hersteller ver-
wenden bei ihren Geräten spezielle Schrauben, wie z.B.
Huawei und Apple die Schrauben mit Pentalob-Profil.
Entsprechende Bits sind im „64 Bit Driver Kit" enthalten.

---

[1] iFixit: https://eustore.ifixit.com/

Die richtigen Hebel, Öffner und Spatel, um ein Gehäuse spurenlos zu öffnen, findet man im „Pro Tech Toolkit":

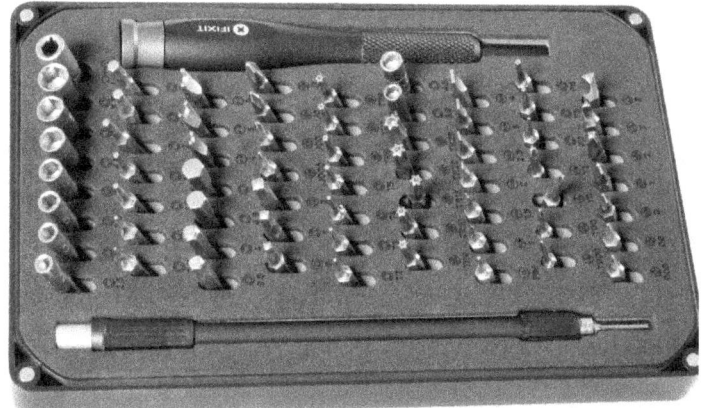

Abb. 9 iFixit 64 Bit Driver Kit

Die Firma iFixit stellt Reparaturanleitungen für mehr als 6000 Geräte bereit. Für ein Gerät aus den letzten Jahren findet man dort oft wertvolle Hinweise zur Reparatur und Gehäuseöffnung.

Um für weitere Geräte, auch Haushaltsgeräte, Anleitungen und Tipps zu bekommen, werfen Sie einen Blick in das [1]Elektroforum und in das [2]Elektronikforum. Beide Foren sind auch eine gute Anlaufstelle, um allgemeine Fragen zu stellen und um auf Gleichgesinnte zu treffen.

Am Anfang erscheint es sinnvoll, erst einmal nur die Werkzeug-Kits für das Gerät zu kaufen, das man für die Reparatur vor sich liegen hat. Auf Amazon und eBay

---

[1] Elektroforum: http://www.transistornet.de/

[2] Elektronikforum: http://forum.electronicwerkstatt.de/phpBB/

findet man diese schnell und sie erscheinen günstig. Doch mit jedem Gerät welches wieder Schrauben in einer neuen Größe verwendet, sammelt sich mit einem weiteren Kit Werkzeug an, das man schon mehrfach besitzt.

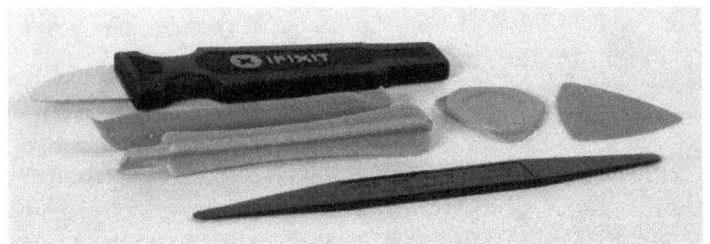

Abb. 10 Verschiedene Tools zur Gehäuseöffnung

Führt man in einer gewissen Regelmäßigkeit Reparaturen durch, so lohnt sich nach kurzer Zeit der Kauf eines umfassenden und gut ausgestatteten großen Werkzeug-Sets statt den einzeln gekauften Kits.

Rechnen Sie beispielsweise nach, was zusammenkommt, würden Sie die Handys in ihrer Familie reparieren. Dazu noch ein oder zwei Laptops, die nebenher zur Reparatur anfallen. Oft lohnt es sich nicht, beim Werkzeug zu sparen. Wenn man sich sicher ist, das zur Reparatur notwendige Werkzeug zu haben, spart man Zeit.

8. Ersatzteile

Die Beschaffung von Ersatzteilen kann viel Zeit beanspruchen. Hat man die Möglichkeit, bei einem lokalen Händler einzukaufen, kann man es sich etwas einfacher machen. Viele der alteingesessenen Händler sind noch im Besitz von alten Datenbüchern und können so helfen das richtige Ersatzteil zu finden. Sich auf deren Erfahrung zu stützen ist oft zielführender als sich selbst auf Flohmärkten und im Antiquariat entsprechende Datenbücher zu besorgen.

Möchte man sich seine eigenen Recherchemöglichkeiten aufbauen, sind die heutigen Datenbücher-CDs, wie sie von Elektor in Form der ECD[1] und von ECA als VRT-DVD[2] angeboten werden, Platz sparender als ein Regal voll alter Bücher.

Der Einsatz von gebrauchten Bauteilen ist bei nicht mehr erhältlichen Komponenten manchmal unumgänglich.

Es gibt Anbieter, oft in China, die einem für niedrige Preise wiederaufbereitete Bauteile anbieten. Oft bekommt man ICs, die gewaschen wurden. Diese Bauteile können industriell nicht genauso verarbeitet werden wie Bauteile, die von einem Händler gekauft wurden, der sie vom Hersteller bezogen hat. Manchmal sind die Bau-

---

[1] ECD Elektor's Components Database:
[2] VRT DVD: http://www.eca.de/xtshop/product_info.php/info/ p95_-nbsp-vrt-dvd-2016.html

teile auch gefälscht, indem einfach eine neue Beschriftung aufgedruckt wurde.

Was relativ oft passiert ist ein gefälschter Datumscode, so dass man glaubt, relativ neue Bauteile bekommen zu haben, in Wirklichkeit sind diese aber schon Jahrzehnte alt.

Für die Anbieter lohnt sich das. Ein Fensterdiskriminator „TCA965" kostete vor 10 bis 15 Jahren circa 3€ bis 5€. Heute werden gebrauchte und wiederaufbereitete ICs dieses Typs für einen mehrfachen Preis verkauft.

Für eine Serienproduktion von Geräten ist dies alles ein Problem und so können solche wiederaufbereiteten Bauteile nicht verwendet werden. Bei der Reparatur von Einzelgeräten kann man aber das Bauteil testen und, sofern man das Richtige geliefert bekommen hat, auch verwenden. Es ist kein Problem, ein altes Gerät mit einem alten Bauteil zu reparieren. Es muss halt nur funktionieren und man muss wissen, was man da tut.

Hat man die Gelegenheit, alte Geräte auszuschlachten, so sollte man alle ICs und speziellere Bauteile aufbewahren, wenn sie sich einfach auslöten lassen.

Dabei sollte man aber nicht über das Ziel herausschießen. Das Horten von alten Bauteilen, oder alten Geräten bringt nicht viel und verschwendet Platz. Hat man einen Gerätetyp, den man oft repariert, kann man gezielt nach den Bauteilen die darin verwendet werden Ausschau halten. Diese hebt man dann auf, alles andere lässt man fachgerecht entsorgen.

8.1 Ersatzteillager

Ein eigenes Ersatzteillager kostet Platz und Geld. Die beste Strategie ist: Alles, was nicht so gut wie in jeder Schaltung zu finden ist, sollte nur angeschafft werden, wenn es einmal Verwendung fand.

Baut man selber ein Gerät, kann man Ersatzteile dafür mehrmals kaufen und aufbewahren.

Bauelemente wie Spannungsregler, Widerstände, Sicherungen, Kondensatoren, LEDs (und vieles mehr) sind Standardbauteile. Diese kann man gemäß der E12 oder E24 Reihe kostengünstig als Sortiment kaufen und ins Lager legen.

In dem Buch „Elemente der angewandten Elektronik"[1] finden Sie eine Auflistung, der in der Industrie verbreiteten und häufig verwendeten Bauelemente. Werfen Sie einen Blick in dieses Kompendium, Sie werden es vielleicht mögen.

Stehen Sie noch am Anfang und das Komponentenlager ihrer Elektronikwerkstatt ist noch nicht gefüllt, so finden Sie im Anhang eine Bauteileliste. Damit können Sie Ihr Sortiment aufbauen und einen Grundstock legen. Man hat nie alle Bauteile zur Hand, aber diese Liste sollte alles abfedern, was eine einfache Reparatur verhindern könnte.

---

[1] Elemente der angewandten Elektronik: http://www.springer.com/de/book/9783834805430

Kleinteilmagazine sind eine gute Methode seine bedrahteten Bauteile, gut sortiert und beschriftet, aufzubewahren.

SMD-Bauteile können in zusammensteckbaren Aufbewahrungsboxen verwahrt werden. Aufgrund der Größe von SMD-Bauteilen, sollten diese absolut dicht sein.

Manche Leute verwenden ein Verwaltungssystem, um ihren Bestand im Auge zu behalten. „EleLa"[1] ist eine Lagerverwaltung, einsetzbar vom Hobby-Bereich bis hin zu kleinen Unternehmen.
Es kann Spaß machen auf Knopfdruck zu wissen, was bestellt werden muss, um das Lager wieder aufzufüllen.

Möchte man keine softwaregestützte Lagerverwaltung nutzen, so sollte man sein Sortiment mit einem Etikettendrucker klar und leserlich beschriften. Benutzt man transparentes Beschriftungsband, kann man dieses auf farbiges Pappstreifen-Trägermaterial kleben. So spart man sich das Wechseln des Beschriftungsbands und die Pappstreifen können in verschiedenen Farben vorbereitet werden. Die Farben werden dann einer jeweiligen Kategorie zugeordnet. Halbleiter werden blau markiert, Widerstände sind gelb, Spannungsregler sind grün ...

Die farbliche Unterscheidung stellt für das Auge einen schnelleren Anhaltspunkt dar, als die eigentliche

---

[1] EleLa: http://www.mikrocontroller.net/articles/Elektronik_Lagerverwaltung

Beschriftung. Sucht man einen Spannungsregler in 300 Schubladen, so muss man dann nur die grünen Schubladen durchsuchen, bzw. deren Beschriftung lesen. Die Zeit zum Zusammensuchen von Bauteilen kann so drastisch reduziert werden und man behält einen besseren Überblick.

Durch die eindeutige Beschriftung kann man auch einfacher durch die Schubladen gehen und notieren, was wieder aufgefüllt werden muss.

Die Einteilung der Bauteile in Kategorien und in Farben muss nur für einen selber schlüssig sein. Man kann sich an den Kategorien der Bauteilversender orientieren, aber nicht alles lässt sich bei den eigenen Bauteilen so scharf trennen. Hauptsache man findet was man sucht.

Schaut man in die de.sci.electronics-FAQ[1], in das Kapitel „Grundausstattung des Bastlers", findet man eine große Auflistung von Bauteilen. Sucht man z.B. nach Ladungspumpen oder rauscharmen Operationsverstärkern für eine Reparatur, findet man dort eine Liste der gängigen Typen.

Auch die MausNet Elektronik-FAQ[2] hilft Ihnen bei vielen Fragen rund um das Thema Ersatzteile.

---

[1] de.sci.electronics FAQ: http://www.dse-faq.elektronik-kompendium.de/dse-faq.htm

[2] MausNet eFAQ: http://www.michaelruge.de/download/efaq.pdf

8.2 Datenblätter

Zu jedem elektronischen Bauteil wird vom Hersteller ein Datenblatt erstellt. Es beinhaltet die elektrischen und mechanischen Eigenschaften des Bauteils, eine Prinzipschaltung mit der das Bauteil definitiv funktioniert und viele weitere Angaben, die bei der Fertigung berücksichtigt werden müssen.

Jeder Elektroniker schaut ins Datenblatt, um die Anschlussbelegung zu überprüfen und um zumindest die grundlegenden Werte und Daten des Bauteils in Erfahrung zu bringen.

Datenblätter zu Bauteilen findet man im Internet so einfach wie nie zuvor. Mit jeder gängigen Suchmaschine kann man unter der Nennung der Bauteilbezeichnung das entsprechende Datenblatt vom Hersteller finden.

Etwas schwieriger wird es, wenn ein bestimmtes Bauteil nicht mehr erhältlich ist. Dann muss ein Vergleichstyp gefunden werden. Die Vorgehensweise diesen zu finden wird im Kapitel „Vergleichstypen" dargestellt.

8.3 Vergleichstypen

Einen Vergleichs- oder Ersatztyp von einem defekten Bauteil zu finden, kann in Detektivarbeit ausarten.

Die Website „parts.io"[1] oder „Octopart[2]" kann die Arbeit erleichtern. Unter Angabe der Werte lassen sich alle Bauteile finden, die die gleichen Eigenschaften aufweisen. Einen Ersatz für einen nicht mehr verfügbaren Transistor oder Operationsverstärker findet man auf diesem Weg sehr schnell.

Für sehr alte Bauteile, besonders aus dem früheren Ostblock, muss man mehr Aufwand betreiben. Alte Datenbücher und Vergleichshandbücher, vom Franzis und Elektor Verlag aus den 80er und 90er Jahren, helfen einem weiter. Auf Flohmärkten und im Antiquariat, oder in den Kleinanzeigen von Amateurfunkzeitschriften, findet man diese noch.

Wenn kein Bauteil als Ersatz geeignet ist, so muss man die Schaltung analysieren und den Wertebereich, den das defekte Bauteil erfüllen musste, herausfinden. So kann dann z.B. ein Ersatztyp gefunden werden, weil die maximale Betriebsspannung in einer Schaltung niemals die 60 V erreicht, für die der alte Transistor ausgelegt war. Oder ein Ersatztyp ist zwar nur mit einer anderen

---

[1] parts.io: http://parts.io/
[2] Octopart: https://octopart.com/

Gehäuseform verfügbar, aber an der Stelle auf der Platine ist aber trotzdem genug Platz, um diesen zu verwenden.

Außer bei Bauteilen die speziell für das Gerät produziert wurden, sollte sich immer ein Ersatz- oder Vergleichstyp finden lassen.

In den letzten Jahren wurden viele Bauteile in der bedrahteten Form abgekündigt und nur die SMD-Version wird weiterhin gefertigt. Die Automatenbestückung in der modernen Fertigung steht bei den Bauteilherstellern im Vordergrund und bedrahtete Bauteile werden kaum noch in großen Stückzahlen gekauft. Der Trend zur Miniaturisierung unterstützt dies noch.

In vielen Fällen kann man aber mit kleinen Adapterplatinen einen nicht mehr erhältlichen DIP-Baustein durch die entsprechende SMD-Version ersetzen. Suchen Sie in dem Fall nach „SMD DIP Adapter" Platinen.

Manche Hersteller haben in den 80er Jahren gerne ICs mit eigenen Kennzeichnungen verwendet. Dies wurde gemacht, um den Nachbau durch Mitbewerber zu erschweren. Bei der Reparatur solcher Geräte trifft man dadurch auf Schwierigkeiten. Unter der Angabe des Geräteherstellers und der von diesem verwendeten internen Bauteilkennzeichnung, findet man im Internet Tabellen. Mit diesen kann man die interne Kennzeichnung in die normalerweise verwendete Kennzeichnung übersetzen.

Am besten verschafft man sich in so einem Fall erst einmal einen Überblick über den Fehler und versucht, so viele Informationen wie möglich zu sammeln. Erst wenn man sicher ist solche Probleme umschiffen zu können, sollte man mit der Reparatur anfangen. Steckt man erst einmal mitten drin, ist es zu spät. Im schlimmsten Fall bekommt man das geöffnete und auseinandergebaute Gerät auch nicht mehr zusammengesetzt. Ein auf diese Art gestrandetes Gerät braucht sich kaum noch Hoffnung auf eine Rettung zu machen.

9. Reparaturbeispiele

9.1 Beispiel: Handstaubsauger

Ein einfacher Handstaubsauger, wie er ab und an in jedem Supermarkt angeboten wird, fand seinen Weg auf meinen Werktisch. Gekauft vor einem halben Jahr. Nach dem Einschalten lief er kaum noch eine Minute, man konnte zuhören, wie der Motor mit der abfallenden Batteriespannung immer langsamer wurde. Der Handstaubsauger war immer, wenn er nicht benutzt wurde, am Ladegerät angeschlossen.

Bei einem Blick in das Gerät zeigte sich, dass der Akku über einen Vorwiderstand geladen wurde, solange das Steckernetzteil angeschlossen war. Mit dem Vorwiderstand als Spannungsteiler, in Verbindung mit dem Innenwiderstand des Akkus, wurde die nötige Ladespannung für den Akku bereitgestellt. Bei dem typischen Strom den dieser Akku, solange er neu ist und funktioniert, beim Laden aufnimmt, passte das. War der Akku aber voll geladen, gab es keine Ladeschaltung, die das Laden des Akkus beendet hat. Nach einigen Monaten ging der Akku durch diese rohe Behandlung kaputt und er wurde hochohmig.

Dies ist ein Musterbeispiel für geplante Obsoleszenz. Mit dem durch die primitive Ladeschaltung provozierten

Fehler wurde dem Gerät ein sich schleichend entwickelnder Defekt eingebaut.

Ein Blick in das dem Gerät beiliegende Handbuch klärte auf. Das Gerät solle nur zum Laden an das Steckernetzteil angeschlossen werden. Unnötig zu erwähnen, dass es keinen Indikator gab, wann denn der Akku voll geladen wäre. Und dass man, ohne nähere Angaben zur Kapazität des Akkus, nicht errechnen kann, wann ein entladener Akku wieder voll geladen wäre.

So wurde also geschickt die Logik einer Ladeschaltung, die weniger als einen Euro gekostet hätte, in die Verantwortung des Kunden übertragen. Bei einer Beschwerde würde dann auf das Handbuch hingewiesen werden und darauf, dass genau beschrieben wäre, wie das Gerät zu handhaben sei. Damit ist der Hersteller aus der Haftung und solange das Gerät die gesetzliche Garantie überdauert ist er auch auf der sicheren Seite.

Die Erfahrungswerte, die der Produzent solch eines Geräts hat, stellt sicher, dass ein in dieser Art verbauter Akku lange genug hält. Damit übersteht das Gerät die Garantie und der Kunde hat das Nachsehen.

Den Akku konnte ich neu konditionieren, indem ich ihn an einem intelligenten Ladegerät mehrere Zyklen durchlaufen lies. Das eingebaute Problem mit der nicht vorhandenen Ladeschaltung konnte ich, bei dem wenigen Platz im Gehäuse, nicht lösen. Der Handstaubsauger wird nun immer nur ein paar Stunden geladen und nicht mehr dauerhaft am Steckernetzteil gelassen.

9.2 Beispiel: Touchlet Pad

Ein Tablet, mit einer defekten USB-Buchse, wurde mir in die Hand gedrückt. Das Gerät war ein paar Monate alt und von den technischen Daten durchaus aktuell und leistungsfähig. Aber nun konnte es nicht mehr geladen werden. Ein Blick auf die USB-Buchse zeigte, dass mit viel Kraft versucht wurde, einen Mini-USB-Stecker in die Micro-USB-Buchse einzuführen. Ein Austausch der Buchse war nötig.

Abb. 11 Beschädigte USB-Buchse

Ich fragte den Kunden nach dem dazugehörigen Lade-gerät mit Kabel. Er wusste, worauf ich hinaus wollte, und antwortete mit einem Lächeln das *„jemand in seiner Familie"* mit *„Nachdruck"* versucht hätte, dass falsche Kabel zum Laden zu verwenden. *„Derjenige"* sei darauf aufmerksam gemacht worden, wo das Problem dabei liegen würde und es wäre nicht zu erwarten das es noch-mal passiert. :-)

„Problem erkannt - Problem gebannt" sagt man wohl dazu. Ich nahm den Reparaturauftrag an.

Die Reparatur ist mit den richtigen Geräten einfach. Die passende Ersatzbuchse hatte ich im Lager. Nach der Demontage der Platine, die die defekte Buchse trug, entlötete ich diese mit der HotAir-Station. Die umliegenden Bauteile wurden dabei mit Alu-Folie abgedeckt. Die Lötzinnreste entfernte ich mit einer Entlötlitze und etwas Flussmittel.

Die neue USB-Buchse wurde dann mit 0,5mm dickem Lötzinn und einer feinen Lötspitze eingelötet.

Ein abschließender Test zeigte, dass die Buchse wieder Daten übertrug und auch wieder zum Laden benutzt werden konnte.

9.3 Beispiel: Cyrus Two Verstärker

Als Reparaturauftrag fand ein Cyrus-Two-Verstärker seinen Weg in meine Werkstatt. Bestehend aus zwei Gehäusen, in einem ist das Netzteil und in dem anderen ist der eigentliche Verstärker. Das Gerät scheint ein beliebter Klassiker zu sein. Eine kurze Überprüfung zeigte, dass die Service-Unterlagen incl. Schaltplan im Internet verfügbar waren, so dass ich den Auftrag annahm. Der Kunde wollte erst nicht rausrücken, was zu dem Defekt geführt hatte. Offensichtlich hatte er sich etwas ungeschickt angestellt, was ihm im Nachhinein dann wohl peinlich war.

Wenn ein Gerät aufgrund seines Alters irgendwann einen Defekt ausweist, dann findet man die üblichen Fehlerquellen eigentlich recht schnell. Aber wenn ein Gerät aufgrund einer Fehlbedienung einen Defekt bekommen hat, kann es alles Mögliche sein und an den unwahrscheinlichsten Stellen auftreten. Wenn nun eine Reparatur nach Aufwand bezahlt wird, dann wird nach Stunden abgerechnet. Da liegt es im Interesse des Kunden, dass die Fehlersuche nicht ewig dauert. Also war es nötig, zu erfahren, was wirklich passiert war. Nach ein paar Minuten Small-Talk war es dann soweit. Das Gerät war mit einem anderen Verstärker parallel an die Lautsprecherboxen angeschlossen worden. Für einen kurzen Moment kamen Töne aus den Lautsprechern, dann waren beide Verstärker defekt. Beide? Nun, anscheinend hatte ich nicht die komplette Geschichte gehört. Aber der genaue Hergang war unerheblich. Was der Fehler war, war mir zu dem Zeitpunkt aber schon klar. Ich versprach dem Kunden, dass sein Schätzchen gerettet werden könne, und nahm den Reparaturauftrag an.

Wie man sieht, ist es oft von Vorteil einen „guten Draht" zum Kunden zu bekommen. Um zu erfahren, was wirklich passiert ist, muss sich der Kunde trauen, der Werkstatt einen wahrheitsgemäßen Fehlerbericht zu geben.

Was war passiert? In Verstärkern sind die Endstufentransistoren in den seltensten Fällen dagegen geschützt, dass eine Spannung am Ausgang des Verstärkers anliegt. Der zweite, parallel angeschlossene Verstärker, schickte sein Signal nicht nur zu den Lautsprechern, sondern auch in den Ausgang des Cyrus-Two-Verstärkers.

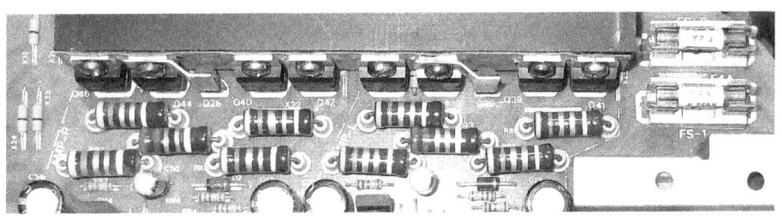

Abb. 12 Endstufentransistoren und Teil der Verstärkerschaltung

Ich öffnete das Gehäuse und fand im Verstärker acht Endstufentransistoren. Die Schaltung war in zwei Stromkreise aufgeteilt, die jeweils durch eine Sicherung geschützt waren. Ein Blick in den Schaltplan zeigte, die Sicherung für Eingang und Vorverstärker war intakt, aber die Sicherung für die Endstufe war durchgebrannt. Die ausgetauscht Sicherung brannte nach dem Einschalten des Verstärkers sofort wieder durch. Dies bedeutete, der Stromkreis der Endstufe hatte einen Kurzschluss. Es gab nur eine Stelle an der solch ein Kurzschluss, bei der beschriebenen Fehlerursache, vorliegen konnte. Einer, oder mehrere, der Endstufentransistoren war defekt und schaltete komplett durch. Der große Kühlkörper verhinderte ein Abbrennen des Transistors. Da die Sicherung mit 4 A absicherte, war ich mir noch nicht sicher ob es nur einer oder mehrere Transistoren waren, die den dafür nötigen Kurzschlussstrom verursachten.

Hat man so viele Transistoren parallel in der Schaltung, lässt sich ein erster Test einfach mit einem Multimeter vornehmen. Mit der Diodentest-Funktion prüfte ich die Anschlüsse[1]. Ich notierte die angezeigten Werte und ging die Transistoren der Reihe nach durch. Durch den unmittelbaren Vergleich konnte ich schon in der Schaltung zwei Transistoren als defekt identifizieren und zwei weitere Transistoren, die leicht abweichende Werte aufwiesen.

Diese erste Überprüfung der Transistoren erfolgte noch im eingelöteten Zustand. Eine ungenaue Vorgehensweise. Aber dadurch, dass acht gleich beschaltete Transistoren parallel verglichen werden konnten, war es die bei zwei Transistoren angezeigte Abweichung, die den Fehler sichtbar machte.

---

[1] Transistor testen: http://de.wikihow.com/Einen-Transistor-testen

Die Transistoren waren mit „PT7" gekennzeichnet. Das war keine offizielle Bezeichnung für einen Transistor. Eine Suche im Internet zeigte, dass dies eine interne Kennzeichnung des Herstellers war, und das die offizielle Bezeichnung für die Transistoren „BUV28" ist.

Der „BUV28" ist ein NPN-Leistungstransistor mit maximaler Kollektor-Emitter-Sperrspannung von 200 V und einem Strom von maximal 6A.

Die Recherche zeigte, dass der „BUV28" nicht mehr hergestellt wird und die Händler auch keine Restbestände mehr liefern.

Ein Vergleichstyp musste auch die gleiche Gehäusebauform „TO220" und Anschlussbelegung aufweisen, wie der „PT7".

Nach einiger Suche fiel meine Wahl auf den „MJE3055". Dieser liefert $60V_{CE}$ und maximal 10A. Ob die Spannungsfestigkeit des neuen Transistors ausreichen würde, zeigte mir ein Blick in den Schaltplan und eine Überprüfung mit dem Multimeter. Das Netzteil des Verstärkers stellte eine 41 V Versorgungsspannung für die Endstufe bereit. Der neue Transistor war somit ausreichend dimensioniert.

Da ich einen neuen Transistor gefunden hatte, der eine etwas andere Kennlinie als der in der Schaltung verwendete Transistor aufwies, konnten nicht nur die zwei defekten Transistoren ausgetauscht werden. Damit der Verstärker nach der Reparatur weiterhin gleichmäßig und symmetrisch auf beiden Kanälen verstärkt, musste ich

alle Transistoren austauschen. Bei dem geringen Stück-
preis war die Reparatur aber weiterhin wirtschaftlich.

Ich hatte den ersten und hoffentlich einzigen Defekt
gefunden und glücklicherweise auch einen Vergleichty-
pen identifiziert. Die eigentliche Reparatur konnte nun
beginnen.

Mit der Entlötstation waren die 24 Anschlussdrähte
schnell entlötet. Die alte Platine wurde durch die schonende Entfernung des Lötzinns nicht beschädigt. Bei der
Entfernung mit Entlötlitze und manueller Entlötpumpe
beträgt die Zeit, in der die Lötpunkte erhitzt werden ein
Vielfaches und mit etwas Pech können sich dann die
Leiterbahnen und Lötaugen von der Platine lösen.

Die entlöteten Transistoren testete ich einzeln mit einem
Komponententester und stellte fest, dass bei zwei weiteren Transistoren der Hfe-Wert vom Datenblatt abwich.
Der angezeigte Verstärkungsfaktor war weit niedriger als
bei den verbliebenen vier Transistoren, die noch in Ordnung waren.

Um zu überprüfen, ob ich dies auch ohne einen Komponententester für Transistoren herausgefunden hätte,
überprüfte ich die ausgelöteten Transistoren noch einmal
mit meinem Multimeter. Mit dem Ohmmeter muss man in
diesem Fall sechs Messungen an dem Transistor vornehmen. Schlägt eine Messung fehl, so ist der Transistor

defekt. Allerdings ist es nötig, die Anschlussbelegung des Transistors zu kennen.

Ein NPN-Transistor wird nach folgender Tabelle getestet:

NPN Transistor				
Emitter	**Basis**	**Kollektor**	**Wert**	**Testergebnis**
- Prüfspitze	+ Prüfspitze		Niederohmig	In Ordnung
+ Prüfspitze	- Prüfspitze		Hochohmig	In Ordnung
	+ Prüfspitze	- Prüfspitze	Niederohmig	In Ordnung
	- Prüfspitze	+ Prüfspitze	Hochohmig	In Ordnung
- Prüfspitze		+ Prüfspitze	Hochohmig	In Ordnung
+ Prüfspitze		- Prüfspitze	Hochohmig	In Ordnung

Ein PNP-Transistor wird nach folgender Tabelle getestet:

PNP Transistor				
Emitter	**Basis**	**Kollektor**	**Wert**	**Testergebnis**
- Prüfspitze	+ Prüfspitze		Hochohmig	In Ordnung
+ Prüfspitze	- Prüfspitze		Niederohmig	In Ordnung
	+ Prüfspitze	- Prüfspitze	Hochohmig	In Ordnung
	- Prüfspitze	+ Prüfspitze	Niederohmig	In Ordnung
- Prüfspitze		+ Prüfspitze	Hochohmig	In Ordnung
+ Prüfspitze		- Prüfspitze	Hochohmig	In Ordnung

Ist die Beschriftung des Transistors nicht mehr lesbar, kann die Anschlussbelegung oft aus der Schaltung abgelesen werden. Auf manchen Platinen befindet sich auf der Oberseite auch ein Aufdruck, der den Typ oder ein „B-C-E" für die Anschlüsse zeigt.

Leider war die Anzeige für die beiden Transistoren mit dem niedrigeren Verstärkungsfaktor nicht so eindeutig, wie ich mir das gewünscht hatte. Nur mit dem Multimeter, ohne den Komponententester, hätte ich die beiden kränkelnden Transistoren möglicherweise übersehen. Durch den geplanten Austausch aller Transistoren hätte sich das allerdings nicht negativ ausgewirkt.

Die neuen Transistoren wurden bald darauf geliefert und sie wurden mit verbleiten Lötzinn eingelötet. Als dieser Verstärker gebaut wurde, gab es die RoHS-Richtlinie noch nicht. Ein überprüfender Blick auf die glänzenden Lötpunkte bestätigte, dass in diesem Gerät verbleites Lötzinn verwendet wurde.

Zum Schluss reinigte ich die Platine von Staub und Nikotin mit einem Platinenreiniger. Außerdem überprüfte ich die über die Jahre entstandenen oxidierten Lötstellen nochmal.

Der Kunde war sehr zufrieden. Mit den neuen Transistoren hörte sich der Verstärker besser an als vorher.

9.4 Beispiel: E-Book Reader

Das Display eines Icarus Illumina E-Book-Readers funktionierte nach einem Sturz des Geräts nicht mehr.

Das Funktionsprinzip eines E-Ink-Displays ist recht einfach. Es werden Mikrokapseln in einem transparenten zähflüssigen Polymer gedreht, welche positiv geladene weiße Partikel und negativ geladene schwarze Partikel enthalten. Diese Mikrokapseln wandern durch die Polarisierung entweder nach oben oder unten. Also müssen, dort wo ein Buchstabe erscheinen soll, einfach alle weißen Mikrokapseln nach unten wandern und die schwarzen Kapseln nach oben.

Beim Einschalten des Geräts sah man, dass die Hintergrundbeleuchtung noch funktionierte, nur das angezeigte Bild wurde nicht mehr aktualisiert. Es gab keine sichtbaren äußeren Beschädigungen und auch das Display sah vollkommen in Ordnung aus.

Mit zwei „Plastic Opening Tools"[1] zur Gehäuseöffnung, die aussehen wie kleine Brecheisen aus Weichplastik, öffnete ich das Gehäuse entlang der Naht. Die Plastikklammern, die beide Gehäuseteile zusammenhielten, ließen sich so einfach öffnen und es gab auch keine Abdrücke am Gehäuserand.

---

[1] Opening Tools: https://www.google.de/search?q=plastic+opening+tools

Danach untersuchte ich das Innenleben auf sichtbare Beschädigungen, die durch den Sturz hervorgerufen worden sein konnten.

Es war nichts zu sehen. Alles sah vollkommen intakt aus und auch alle Anschlüsse des Displays sahen in Ordnung aus.

Ich überprüfte die Stromversorgung an den Testpunkten, die auf der Platine zu finden waren, und konnte so bestätigen, dass die Stromversorgung in Ordnung war.

Da sich der Akku nicht herausnehmen lies, lötete ich zuerst den positiven Anschluss ab, um die Stromversorgung vom Gerät zu trennen. Weil ich nun intensiver nach dem Fehler suchen wollte, musste ich dies an einem stromlosen Gerät tun, um keine weiteren Beschädigungen durch versehentliche Kurzschlüsse zu riskieren. Das Ende des abgelöteten roten Kabels isolierte ich mit einem Stück Isolierband. So konnte keinerlei Spannung mehr an der Platine anliegen.

Der Fehler musste also in dem Teil der Schaltung zu finden sein, der für das Display zuständig ist. Die Hintergrundbeleuchtung funktionierte noch, also war die Backlight-LED noch in Ordnung. Auch die Betriebs-LED leuchtete. Angeschlossen an einen Rechner via USB-Kabel war auch der Zugriff auf den internen Speicher möglich. Das Gerät lief also noch. Der Fehler war somit soweit eingrenzbar, dass er im Display-Teil der Schaltung liegen musste. Möglicherweise der Teil der Schaltung, der für die Ausrichtung der Mikrokapseln zuständig ist. Die Polarisierung, mit der die Kapseln ausgerichtet werden, wird durch das Anlegen einer Spannung erzeugt.

Was erzeugt also diese Spannung in der vorliegenden Schaltung? Ich suchte die Platine nach ICs ab und gab deren Bezeichnung in eine Suchmaschine ein. Beim IC mit der Bezeichnung „TPS 65185" wurde ich fündig. Sein Datenblatt bezeichnet ihn mit: „The TPS65185 is a single-chip power supply designed for E-Ink displays". Bingo!

Ich untersuchte diesen IC und seine Umgebung unter einem Mikroskop mit 10-facher Vergrößerung. Dabei fand ich eine Spule, deren Ferrit-Kern gebrochen war. Der Ferrit-Kern, bzw. das ganze Ferrit-Gehäuse, bündelt das magnetische Feld der Spule und erhöht die Induktivität. Durch den gebrochenen Spulenkörper konnte die Spule nicht mehr ihre nötige Induktivität erreichen.

Abb. 13 Defekte Spule

Es gab keinen Aufdruck auf der Spule, ihr Wert war unbekannt. Auch auf der Platine waren keine Angaben zu sehen. Da konnte mir nur das Datenblatt des ICs weiterhelfen. Auf der Platine konnte ich nachverfolgen, dass die Spule mit Pin 25 des ICs verbunden war. Das Datenblatt des TPS65185 bezeichnet diesen Pin als „VN_SW". Eine weitere Suche in dem Dokument nach diesem Begriff erklärte dessen Funktion mit „Inverting buck-boost converter switch out". Ein „buck boost converter", im Deutschen wird dies Inverswandler genannt, ist ein Gleichspannungswandler. In manchen Fällen ist die englische Bezeichnung in Datenblättern ungenau. Es könnte dann auch ein Auf- oder Abwärtswandler gemeint sein. Ein Wandler also, der z.B. 9 V zu 3 V herunter wandelt.

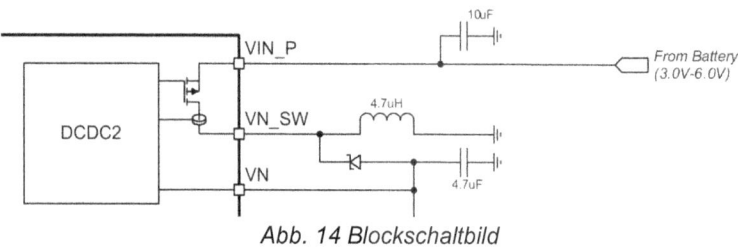

Abb. 14 Blockschaltbild

In dem vorliegenden Fall war es aber unerheblich, was dieser Spannungswandler genau macht. Mit der defekten Spule konnte er nicht funktionieren, also konnte dieser IC nicht korrekt arbeiten. Demzufolge konnte dieses Display auch nicht mehr funktionieren. Selbst wenn dies noch nicht der Fehler sein sollte, den ich gesucht hatte, ein defektes Bauteil muss ausgetauscht werden.

Das Datenblatt beinhaltete ein Blockschaltbild, in dem die äußere Beschaltung des ICs gezeigt wurde. Die Bezeichnung „VN_SW" fand ich auch hier wieder und ich konnte die Spule identifizieren.

Der Wert der Spule betrug also 4,7µH. Ich lötete das defekte Bauteil aus, indem ich zwei Lötkolben verwendete und das Bauteil mit den Spitzen von beiden Seiten packte. Nachdem das Lötzinn aufgeschmolzen war, konnte ich die Spule herausheben.

Zum Entlöten von SMD-Bauteilen gibt es spezielle Lötkolben, die wie eine Pinzette aussehen. Da ich solch einen SMD-Lötkolben aber nicht zur Hand hatte, musste ich mir mit den beiden normalen Lötkolben aushelfen.

Abb. 15 Lötstelle

Nach dem Entlöten beseitigte ich das überflüssigen Lot mithilfe einer Entlötlitze und reinigte die Stelle mit Isopropanol.

Nach ein wenig Recherche, in den Katalogen der Bauteillieferanten, fand ich das passende Ersatzteil. Drei Tage später wurde es geliefert und ich konnte das alte Bauteil mit dem neuen Bauteil vergleichen und sicherstellen, dass es auf den Footprint der Platine passt.

Ein SMD-Bauteil, wie diese Spule, hat ihre Anschlüsse auf der Unterseite. Ein normaler Lötkolben kann nicht zum Einbau verwendet werden. Dafür benötigt man einen Hot-Air-Lötkolben.

Abb. 16 Hot-Air Lötkolben

Um die restliche Platine vor der Hitze zu schützen, hob ich die Platine etwas von dem darunter liegenden Display ab und schob ein Stück Alufolie dazwischen. Zwei kleine Plastikstückchen hielten den Abstand bei, um eine Übertragung der Wärme zu verhindern. Für die Oberseite verwendete ich ein Stück Alufolie, in das ich ein passendes Loch schnitt. Dieses wurde deckungsgleich über die Lötstelle gelegt und fixiert, damit sie durch den Luftstrom nicht verrutschte. So kann nur die für den Luftstrom erreichbare Stelle soweit erhitzt werden, dass sie die Löttemperatur erreicht. Die umliegenden Bauteile sind aber vor dem heißen Luftstrom geschützt und deren Lötstellen können nicht aufschmelzen.

Die beiden Lötpads wurden mit Lötpaste eingeschmiert. Diese Lötpaste besteht aus kleinen Lötzinn-Kugeln und Flussmittel. Beim Erhitzen durch den heißen Luftstrom verflüssigt sich das Lötzinn und durch das Flussmittel ballt es sich an den Kontaktstellen zwischen Bauteil und Platine zusammen. Beim Erkalten ist das Bauteil dann fest verlötet.

Lötpaste ist circa ein Jahr haltbar. Im Kühlschrank gelagert kann man diesen Zeitraum verlängern.

Nach dem Verlöten der Spule überprüfte ich die Lötstelle mit dem Mikroskop und reinigte sie mit Isopropanol.

Nach dem Verbinden der Batterie erwachte das Display wieder zum Leben. Der E-Book-Reader funktionierte wieder.

10. Obsoleszenz und Nachhaltigkeit

Der Begriff Obsoleszenz bezeichnet, in diesem Fall, eine künstlich oder wissentlich beeinflusste Art der vorschnellen Alterung eines Gerätes.

Man unterscheidet noch die verschiedenen Arten der Obsoleszenz[1]. Bei Geräten, die man zur Reparatur bekommt, trifft man in der Regel auf den indirekten Verschleiß, der Bauteile vorzeitig unbrauchbar macht und ein technisches Versagen herbeiführt.

Die Obsoleszenz war in den vergangenen Jahren immer wieder ein Thema in den Medien. Es gab mehrere Untersuchungen dazu, aber zu einem eindeutigen Ergebnis kam man dabei nicht.

Meiner Meinung nach war in einigen Studien der untersuchte Zeitraum zu klein, oder die Geräte entsprachen nicht dem Querschnitt. Bei einer Publikation kam man zu dem Ergebnis, dass die Nutzungsdauer der Geräte heutzutage sowieso kürzer ist als die Haltbarkeit der Geräte. So kann man sich auch elegant vor einer Aussage drücken.

Bei eigenen Reparaturen, bei Gesprächen mit Kollegen, oder bei Reparatur-Recherchen, traf ich immer wieder auf Beispiele für Obsoleszenz. Die hier im Buch beschriebene Reparatur des Handstaubsaugers ist ein

---

[1] Obsoleszenz: https://de.wikipedia.org/wiki/Obsoleszenz

weiteres Beispiel dafür. Schon beim Design des Gerätes scheint man sich nicht mehr die Frage zu stellen: „Wie kann das so lange wie möglich funktionieren?" Stattdessen wird wohl ein Design eher mit der Frage entwickelt: „Wie kann das Gerät so billig wie möglich gemacht werden?"

Liegt es also am Kunden, weil dieser nur so billig wie möglich einkaufen möchte? Ich denke, die Minimierung der Produktionskosten dient der Gewinnmaximierung der Firmen und sind nicht ein Bestreben der Produzenten den Kunden was Gutes zu tun.

Die nötigen Verbesserungen, um ein Gerät haltbarer zu machen, sind oft ein sehr geringer Kostenfaktor. Auch sehr geringe Kosten summieren sich jedoch bei der Produktion von hunderttausenden Geräten. Aber man findet auch bei den günstigen Geräten welche, die länger halten als ein Konkurrenzprodukt. Oft kann man schon vor dem Kauf, mit einer kurzen Recherche, in Erfahrung bringen, ob dieses Gerät haltbar ist. Oder ob es überhaupt repariert werden kann. Meiden Sie nach Möglichkeit Geräte, die in dieser Hinsicht nicht Ihren Erwartungen entsprechen.

Dass die Lebensdauer von Produkten geplant wird, das wird von vielen Firmen zugegeben. Die Lebenszyklen der Produkte bestimmen den Umsatz, den ein Unternehmen erwirtschaftet. Der Neukauf von Produkten wird unterstützt, indem die Reparatur von alten Geräten behindert wird. Und wie viele „Verschleißteile" müssten gar keine Verschleißteile sein sondern könnten „ewig" halten?

Die Lebenszyklen von Produkten werden uns von den Firmen vorgegeben. Aber diese handeln nicht im Interesse der Kunden, sondern in ihrem eigenen Interesse. Der Gewinn steht im Vordergrund, nicht die schonende Nutzung der Ressourcen, die uns auf dieser Welt zur Verfügung stehen.

Unter dem Gesichtspunkt der Lebenszyklusanalyse[1], auch Ökobilanz genannt, kann der Verbraucher einschätzen, wie es um die Umweltauswirkungen von Produkten steht. Dabei wird die gesamte Kette, von der Gewinnung der Rohstoffe, bis zur Entsorgung des Produktes betrachtet. Werfen Sie vor dem Kauf von Produkten mal einen Blick darauf. Sie werden überrascht sein!

---

[1] Lebenszyklusanalyse: https://de.wikipedia.org/wiki/Lebenszyklus-analyse

11. Anhang

11.1 Bauteileliste

Widerstände

Widerstände werden in jeder Schaltung verwendet. Ein komplettes Sortiment, um defekte Bauteile auszutauschen oder um Schaltungen zu ändern, sollte im Bauteillager vorhanden sein. Je ein Widerstandssortiment der E24 Reihe mit THT und SMD in den Größen 0603, 0805 und 1206.

Kondensatoren

Kondensatoren finden sich in fast jeder Schaltung. Es gibt verschiedene Bauformen und Bauarten. Es empfiehlt sich Keramikkondensatoren, Folienkondensatoren und Elektrolytkondensatoren in der E6 oder E12 Reihe vorrätig zu haben.

Dioden

Dioden lassen Strom nur in eine Richtung fließen. Sie sind ein häufig verwendetes Schutzelement in einer Schaltung. Zwei Typen sollte man in einer größeren Anzahl vorrätig haben:

1N4148	1N4007

Zener-Dioden

Zenerdioden (Z-Dioden) werden für Begrenzungs- und Stabilisierungsschaltungen verwendet. Es gibt fertige Sortimente, mit 500mW Verlustleistung, in den Werten:

2,7V	3,3V	3,9V	4,7V	5,1V
5,6V	6,2V	6,8V	7,5V	8,2V
10V	12V	15V	18V	20V
22V	24V	27V	30V	33V

Transistoren

Für kleine Ströme:

NPN	BC107	BC237	BC546	BC414
PNP	BC177	BC307	BC556	BC416

Für mittlere Ströme:

NPN	BC337	BC637	BC141	BC517
PNP	BC327	BC638	BC161	BC516

NF-Transistoren:

NPN	BD139	BD235	BD243	2N3055
PNP	BD140	BD236	BD244	MJ2955

Hochvolt- und Schalttransistoren:

NPN	2N2222	2N5551	2N3439
PNP	2N2907	2N5401	2N5416

LEDs

LEDs haben fast überall die früher verwendeten Glühbirnchen abgelöst. Sie sind energiesparender und haltbarer. Wenn Sie ein defektes Birnchen austauschen
wollen, suchen Sie zuerst ob es einen Ersatz in dieser
Bauform mit LED Leuchttechnik gibt.

Die gängigen LEDs für das eigene Bauteillager:

Farbe	Durchmesser	Durchmesser
Rot	5mm	3mm
Grün	5mm	3mm
Gelb	5mm	3mm
Weiß	5mm	3mm

Operationsverstärker

Ein Bauteil, mit dem man alles machen kann und das
deshalb oft eingesetzt wird. Die gängigen und weit verbreiteten Typen sind:

LM714	TL321	LM358	LM324	TL081	TL082

Es gibt mehrere freie PDFs zu OpAmps im Internet.

Spannungsregler

Um die verschiedensten Versorgungsspannungen bereitzustellen, sind Spannungsregler die günstigste Variante. Es gibt sie als Festspannungsregler, oder mit variabler Ausgangsspannung.

Festspannungsregler:

Typ	Wert	Typ	Wert
7805	+5V	7905	-5V
7806	+6V	7906	-6V
7808	+8V	7908	-8V
7809	+9V	7909	-9V
7812	+12V	7912	-12V
7815	+15V	7915	-15V
7818	+18V	7918	-18V
7824	+24V	7924	-24V

Variable Spannungsregler:

LM317	TL783	LM337

Komparatoren

Ein Komparator ähnelt einem Operationsverstärker, ist aber gezielt nur dafür ausgerichtet, zwei Spannungen zu vergleichen. Das kann er schneller und besser als ein generischer Operationsverstärker. Die gängigen Typen sind:

LM393	LM339	LM311

Brückengleichrichter

Mit einem Brückengleichrichter wird eine Wechselspannung in eine Gleichspannung umgewandelt. Es gibt Gleichrichter in verschiedenen Gehäuseformen und für verschiedene Stromstärken.

Gemischtes

Für Basteleien und Reparaturen sind verschiedene weiterer Bauelemente praktisch:

Schalter	Taster	Stiftleisten
Bananenbuchsen	Bananenstecker	Niedervoltstecker
Niedervoltbuchsen	Lötösen	IC-Sockel
Lochrasterplatinen	Streifenrasterplatinen	Steckbrett

REPAIR MANIFESTO

WE HOLD THESE TRUTHS TO BE SELF-EVIDENT

IF YOU CAN'T FIX IT, YOU DON'T OWN IT.

REPAIR IS BETTER THAN RECYCLING
Making our things last longer is both more efficient and more cost-effective than mining them for raw materials.

REPAIR SAVES YOU MONEY
Fixing things is often free, and usually cheaper than replacing them. Doing the repair yourself saves you money.

REPAIR TEACHES ENGINEERING
The best way to find out how something works is to take it apart.

REPAIR SAVES THE PLANET
Earth has limited resources. Eventually we will run out.
The best way to be efficient is to reuse what we already have.

REPAIR CONNECTS PEOPLE AND THINGS | REPAIR IS WAR ON ENTROPY | REPAIR IS SUSTAINABLE

WE HAVE THE RIGHT:

TO DEVICES THAT CAN BE OPENED | TO CHOOSE OUR OWN REPAIR TECHNICIAN | TO NON-PROPRIETARY FASTENERS

TO REPAIR DOCUMENTATION FOR EVERYTHING | TO REMOVE 'DO NOT REMOVE' STICKERS

TO REPLACE ANY & ALL CONSUMABLES OURSELVES | TO TROUBLESHOOTING INSTRUCTIONS & FLOWCHARTS

TO REPAIR THINGS IN THE PRIVACY OF OUR OWN HOMES | TO ERROR CODES & WIRING DIAGRAMS | TO AVAILABLE, REASONABLY-PRICED SERVICE PARTS

BECAUSE REPAIR > IS INDEPENDENCE SAVES MONEY & RESOURCES | REQUIRES CREATIVITY | MAKES CONSUMERS INTO CONTRIBUTORS | INSPIRES PRIDE IN OWNERSHIP

IFIXIT   JOIN THE REVOLUTION WITH IFIXIT.COM

Literaturverzeichnis

Die folgende Literaturliste soll Hilfestellung leisten, falls Grundlagen im Bereich der Elektronik fehlen.

[1] P. Horowitz, W. Hill; The Art of Electronics
    ISBN 978-0-521-80926-9
[2] T. C. Hayes; Learning The Art of Electronics
    ISBN 978-0-521-17723-8
[3] P. Scherz, S. Monk; Practical Electronics for Inventors
    ISBN 978-0-07-177133-7
[4] Tietze, Schenk, Gamm; Halbleiter Schaltungstechnik
    ISBN 978-3-642-31025-6
[5] C. Platt; Make: Elektronik - Lernen durch Entdecken
    ISBN 978-3-89721-601-3
[6] N. Ahlhelm; High Reliability Soldering and Circuit Board Repair
    ISBN 978-1-49120-814-4
[7] F. Mims; Engineer's Notebook
    ISBN 978-1-878707-03-1
[8] Kories, Schmidt-Walter; Taschenbuch der Elektrotechnik
    ISBN 978-3-8065-5669-6
[9] E. Böhmer, D. Ehrhardt, W. Oberschelp; Elemente der angewandten Elektronik
    ISBN 978-3-8348-0543-0
[10] Steidle; Transistoren Kurz-Tabelle
    ISBN 3-7723-6973-1
[11] S. Negsseog; Transistor Vergleichshandbuch
    ISBN 3-930149-00-1
[12] M. Welter; Transistor Dictionary Bipolar Transistors
    ISBN 3-88322-486-3
[13] D. Steinbach; IC Datenbuch
    ISBN 3-921682-05-3
[14] F. Horsch; 3D-Druck für alle
    ISBN: 978-3-446-44261-0

Stichwortverzeichnis

Über den Autor

Jörg Rippel lebt mit seiner Ehefrau im Grünen. Er ist aus- und fortgebildet in der Elektronik, Funktechnik und Informatik. Nach rund 20 Jahren Berufserfahrung, zuletzt in der Luft- und Raumfahrt, widmet er sich nun dem Schreiben von Sachbüchern.

Danksagung

Insbesondere bedanke ich mich bei meiner Frau, die dieses Buch durch Ihre Unterstützung erst möglich gemacht hat.